职业技能培训教材

（第4版）

职业道德

ZHIYE DAODE

主　编　郭汉祥　黄　华

副主编　郭飞祥

参　编　武淑芳　张　敏　何永红　魏忠孝　潘　峰　廖清平　卢　霞　涂纯英
　　　　喻晓平　熊建伟　卓　康　刘　洪

主　审　余炳荣

参　审　张　骥

中国劳动社会保障出版社

图书在版编目(CIP)数据

职业道德/人力资源社会保障部教材办公室组织编写. -- 4版. -- 北京：中国劳动社会保障出版社，2018

职业技能培训教材

ISBN 978-7-5167-3468-1

Ⅰ.①职…　Ⅱ.①人…　Ⅲ.①职业道德-职业技能-鉴定-教材　Ⅳ.①B822.9

中国版本图书馆CIP数据核字(2018)第161446号

中国劳动社会保障出版社出版发行

（北京市惠新东街1号　邮政编码：100029）

*

三河市华骏印务包装有限公司印刷装订　新华书店经销

787毫米×1092毫米　16开本　10.5印张　221千字

2018年12月第4版　2024年5月第18次印刷

定价：20.00元

营销中心电话：400-606-6496

出版社网址：http://www.class.com.cn

前　言

职业道德是每一个从业人员在职业活动中必须遵守的行为准则，它揭示了从业人员和服务对象、职业和职工、职业和职业之间一种最为广阔的社会关系。自 2001 年中共中央印发《公民道德建设实施纲要》到党的十九大报告，党和政府都一以贯之地强调要以社会公德、职业道德、家庭美德、个人品德为着力点，加强公民道德教育。特别是习近平在党的十九大报告中提出，要“加强思想道德建设”，“广泛开展理想信念教育，深化中国特色社会主义和中国梦宣传教育，弘扬民族精神和时代精神，加强爱国主义、集体主义、社会主义教育，引导人们树立正确的历史观、民族观、国家观、文化观。深入实施公民道德建设工程，推进社会公德、职业道德、家庭美德、个人品德建设，激励人们向上向善、孝老爱亲，忠于祖国、忠于人民”；党的十九大报告还在“坚持全面依法治国”中强调要“坚持依法治国和以德治国相结合”，“提高全民族法治素养和道德素质”；在“优先发展教育事业”中强调要全面贯彻党的教育方针，落实立德树人根本任务，发展素质教育，推进教育公平，培养德智体美全面发展的社会主义建设者和接班人；在“实施乡村振兴战略”中强调要“健全自治、法治、德治相结合的乡村治理体系”。同时强调建设高素质专业化干部队伍要“坚持德才兼备、以德为先，坚持五湖四海、任人唯贤，坚持事业为上、公道正派，把好干部标准落到实处”。这些不仅丰富了社会主义道德建设的理论宝库，为社会主义道德、职业道德建设指明了方向，而且还从培养、评价、选拔使用人诸方面强调了德才兼备、以德为先的重要标准。本书第 4 版修订正是紧紧围绕贯彻党的十九大报告关于新时代中国特色社会主义道德建设的新精神来进行的。

自《公民道德建设实施纲要》实施到现在，经过多年的努力，党领导全国人民在思想道德建设方面取得了巨大成绩，特别是十八大以来，党采取了一系列措施，在党内、军内、政府内、经济领域内全面惩治腐败，取得了显著成效，反腐败斗争压倒性态势已经形成并巩固发展。社会风气逐步好转，反映社会主义核心价值观的社会主义社会公德、职业道德、家庭美德得到社会的广泛认可和弘扬。但是大千世界，各种各样的职业活动纷繁复杂，在职业活动中仍然会出现违反职业道德规范，甚至违纪、违法的现象，正如中共中央颁发的《公民道德建设实施纲要》中所指出的：“我国公民道德建设方面仍然存在着不少问题。社会的一些领域和一些地方道德失范，是非、善恶、美丑界限混淆，拜金主义、享乐主义、极端个人主义有所滋长，见利忘义、损公肥私行为时有发生，不讲信用、欺骗欺诈成为社会公害，以权谋私、腐化堕落现象严重存在。”因此思想道德建设永远在路上，对广大从业者开展职业道德教育必须长期坚持，严格要求，与此同时必须坚持依法治国和以德治国相结合，这样道德、职业道德教育才会有法治支撑作后盾，才会彰显出德法兼治的强大正能量。

对广大从业人员进行职业道德教育的基本要求是：以为人民服务为核心，以集体主义为原则，以爱岗敬业、诚实守信、办事公道、服务群众、奉献社会为主要内容，通过系统学习职业道德知识，加强职业道德修养，了解职业道德与社会公德、家庭美德、个人品德的关系，提升每个从业人员的道德素质；职业道德教育，使每个从业人员懂得职业道德与公民道德要求的一致性，在职业生涯中模范遵守职业道德的同时，争做一位好公民，成为爱国守法、明礼诚信、团结友善、勤俭自强、敬业奉献的，有理想、有道德、有文化、有纪律的社会主义建设者。在职业道德教育中采用理论紧密联系实际的方法，每个从业人员应做到知行统一，把学习职业道德理论同加强道德修养与努力实践有机地结合起来，以便增强教育的实效。

本教材主要面向各行各业从业人员、参加职业技能水平评价与认定的人员、职业技术院校学生，在内容、结构上，既较为系统地介绍职业道德理论知识，又紧密结合从业人员的实际，特别是结合各类行业职业道德规范的特点，进行深入浅出、简洁明了的阐述，从而更具科学性、实用性。学好本教材，不仅较易通过职业道德相关考试，更重要的是，可以受到职业道德基本理论知识的教育，以便在今后的工作实践中不断提高自己的职业道德觉悟，培养职业道德品质，逐步形成职业道德的高尚情操，实现职业道德自我修养的升华。

本教材自2005年出版后，受到职业院校师生、各行业从业人员的好评。同时，随着改革开放事业的深入发展，特别是党的十七大、十八大对执政治国新经验的总结和实现中华民族伟大复兴的中国梦奋斗目标的新部署，职业道德教育理论又有了新的发展。因此，我们依据这些变化并在听取广大师生意见的基础上于2009年和2013年分别进行了修改补充和完善。2017年随着党的十九大召开，习近平新时代中国特色社会主义开始了新的征程，为适应“新时代”的要求，贯彻十九大关于道德建设的新精神，我们对这本教材进行了第3次修改和完善，形成了现在的第4版教材，通过对该教材的修改，进一步丰富了职业道德理论，增加了许多内容和创新点。按照习近平总书记在会见第四届全国道德模范及提名奖获得者时强调的，“道德模范是社会道德建设的重要旗帜，要深入开展学习宣传道德模范活动，弘扬真善美，传播正能量，激励人民群众崇德向善、见贤思齐，鼓励全社会积善成德、明德惟馨，为实现中华民族伟大复兴的中国梦凝聚起强大的精神力量和有力的道德支撑”，增加了许多社会主义建设新时期生动的道德模范的案例，使教材更加充实、更加贴近工作实际，使教材真正成为真善美的弘扬者、正能量的传播者、崇德向善的引导者。

本教材第一章第一节、第二节，第三章第一节至第十一节，第二章第八节以及第三章第十二节职业道德行为规范的大部分实例，职业道德模拟试题（一）、（二）和机关事业单位技术工人技术等级考核和技师职务考评职业道德模拟试题由高级讲师黄华等编写；绪论，第二章第一节、第二节、第五节、第六节、第七节和第四章，职业道德模拟试题

（三）和（四），由高级讲师郭汉祥、涂纯英等编写；第一章第三节由高级讲师武淑芳编写；第二章第三节、第四节，由郭飞祥等编写；第三章第十二节职业道德行为规范实例中烹饪、美容、美发职业道德规范实例由高级讲师张敏编写，公路交通行业职业道德规范实例由潘峰编写，何永红、魏忠孝、廖清平参加了职业道德模拟试题（一）、（二）和机关事业单位技术工人技术等级考核和技师职务考评职业道德模拟试题以及第三章部分内容的编写；此外，卢霞、喻晓平、熊建伟、卓康、刘洪参加了第二章职业道德的主要范畴中部分案例的编写。

本教材在编写过程中得到四川省人力资源和社会保障厅、四川省职业技能鉴定指导中心、绵阳工业技师学院、成都技师学院等单位的大力支持和热情帮助，在此致以诚挚的谢意。

本教材的缺点在所难免，恳请读者惠正。

人力资源社会保障部教材办公室

2018 年 11 月

目　录

绪　论

党的十九大报告中做出了中国特色社会主义进入了新时代这一重大政治判断。“这个新时代，是承前启后、继往开来、在新的历史条件下继续夺取中国特色社会主义伟大胜利的时代，是决胜全面建成小康社会、进而全面建设社会主义现代化强国的时代，是全国各族人民团结奋斗、不断创造美好生活、逐步实现全体人民共同富裕的时代，是全体中华儿女勠力同心、奋斗实现中华民族伟大复兴中国梦的时代，是我国日益走进世界舞台中央、不断为人类做出更大贡献的时代。”这样的新时代，对我们各行各业的从业人员，在职业道德方面也提出了更新、更多、更高、更全面的要求。

为帮助各行各业的从业人员和职业技术院校学生、参加职业技能水平评价与认定的各类人员（含考评员、质量督导人员）学习职业道德知识理论，规范职业道德行为，提高职业道德修养，我们编写了这本职业道德教材。

为什么要学习职业道德，本教材包括哪些内容、有哪些特点，学习职业道德采用哪些方法才能收到预期的效果，这是绪论首先要回答的问题。

一、学习职业道德的意义

为什么要学习职业道德，换句话说，学习职业道德有什么意义，这是每个从业人员可能首先要提出的一个问题。如果这个问题得不到明确的答案，就可能对学习职业道德没有兴趣，没有动力，没有自觉性，而兴趣、动力和自觉性，恰恰是学好职业道德的重要前提。因此，我们首先要回答为什么要学习职业道德这一问题。可以说，学习职业道德有利于自己的工作，有利于企业发展，有利于行风建设，有利于社会进步，同时也是党中央和国务院向全党全国人民提出的明确要求，更是中国特色社会主义进入新时代，不断提升公民、从业者素质，向全面建成小康社会和实现中华民族伟大复兴的中国梦迈进的必然要求。

1. 学习职业道德有利于自己的工作

做好自己的工作，需要良好的职业综合素质和良好的人际关系，职业道德在这两方面都能给我们提供有力的帮助。

（1）学习职业道德有利于提高自身的综合素质。任何职业，都要对其从业人员提出相应的职业综合素质要求。按职业分类和人职匹配有关学科分析，对一、二、三产业从业人员提出的职业综合素质要求，包括思想道德、文化基础、专业理论、操作技能、身体素质、心理素质、智力能力和法律法规等方面。在这里，思想道德素质主要是职业道德素质，它在从业人员需要的综合素质中处于首要地位。众所周知，从业人员的综合素质越高，就越容易搞好工作。学习职业道德，有利于提高自己的思想道德素质，从而也有利于提高职业综合素质，对搞好工作也会有很大的帮助。

（2）学习职业道德有利于建立良好的人际关系。从业者不管在哪个岗位工作，都免不了要与人打交道，人与人之间要发生各种联系。每个从业人员都为社会、为他人承担一定的责任和义务，每个人在为别人服务的同时，也在接受别人的服务。如果在职业岗位上不能自觉遵守各自的职业道德，就难以处理好人与人之间的关系，难以互相尊重、互相帮助，难以形成团队合力，也就难以搞好工作。这里涉及的承担责任、履行义务、服务他人、彼此尊重、互相帮助、团结友爱等方面都是职业道德要学习的基本内容，是我们在职业活动中要遵守的行为准则。可见，学习职业道德，有助于在理性认识的基础上提高自身的职业道德素质，营造和谐的工作氛围，形成互学互帮的团队精神和良好的人际关系，并为顺利开展工作打下基础。

2. 学习职业道德有利于企业发展

任何企业的发展，除了资本、劳动力、技术信息、生产资料等生产要素之外，还需要全体员工符合各种职业道德素质要求，如：顾全大局的团队精神，以主人翁的态度勤奋工作；遵章守纪，注重安全；爱岗敬业，忠于职守；诚实守信，注重质量；勤俭节约，艰苦奋斗；不断学习，精通业务；积极进取，开拓创新等。企业是由各个岗位的员工组成的生产单位，要促进企业的发展，每个岗位的从业人员，即全体职工，都应当学习职业道德，遵守职业道德。企业通过职业道德主张的行为规范这根纽带，把人与人、部门与部门连接起来，形成一个有战斗力的集体。职业道德的内在聚合力可以把整个企业融合为一个不可分割的整体，形成一个有巨大凝聚力的团队，增强企业竞争力。因此，真正的企业家，会十分重视企业员工队伍的职业道德建设，千方百计地组织员工学习职业道德，通过提高员工队伍的职业道德水平来推动企业向前发展。

3. 学习职业道德有利于行风建设

随着现代社会分工的发展和专业化程度的提高，市场竞争越来越激烈，整个社会对从业人员的职业观念、职业态度、职业纪律、职业责任、职业义务和职业作风等要求也越来越高。如果说企业是社会的细胞，那么行业就是社会的重要组成部分。职工的职业道德水平如何，直接关系到各行各业的行风建设。行业不正之风，主要是有些人或有些部门，利用掌握在手中的行业特权，为个人或小团体牟取私利造成的。他们无视国家法律，无视制度规章，也无视职业道德，缺乏全局观念，缺乏集体主义精神和全心全意为人民服务的思想，成为这“霸”那“霸”，这“虎”那“虎”，给社会带来巨大的危害。通过学习职业道德，提高各行各业的全局意识，明确本行业应尽的职业责任与社会义务，就会懂得如何行使职业权力，遵守职业纪律，讲究职业良心，抵制行业的不正之风。因此，学习职业道德，对各行各业树立行业文明新风，克服行业不正之风，具有特别重要的意义。

4. 学习职业道德有利于社会和谐进步

社会的和谐进步离不开精神文明的高度发展。思想道德是精神文明的重要组成部分，职业道德建设又是思想道德建设的重要内容之一。社会由各种行业组成，每个行业中包含许多企业，每个企业中又有许多员工。如果企业中每个员工学习职业道德并在职业活动中遵守职业道德，企业就是一个有职业道德的企业；如果行业中的每个企业都有良好的职业道德，行业就是一个讲职业道德的行业；如果各行各业都讲职业道德，整个社会就是一个有良好职业道德的社会。因此，每个人、每个企业、每个行业的职业道德建设搞好了，整个社会的和谐进步就会实现。

5. 学习职业道德有利于贯彻党中央加强思想道德建设的要求

党中央、国务院十分重视公民的道德建设和广大从业人员的职业道德建设，在历次党的全国代表大会和全国人民代表大会上都把这个问题列入了议事议程。进入新世纪以后，更明确地提出实施“依法治国”与“以德治国”相结合，为纠正行业不正之风和实现社会风气的好转采取了必要的措施。2001 年 9 月 20 日中共中央印发的《公民道德建设实施纲要》明确提出社会公德、职业道德、家庭美德、个人品德是公民道德建设的主要内容，提出职业道德是所有从业人员在职业活动中应该遵循的行为准则，要求广大从业人员要大力倡导以爱岗敬业、诚实守信、办事公道、服务群众、奉献社会为主要内容的职业道德。党的十九大明确提出要加强思想道德建设，强调“深入实施公民道德建设工程，推进社会公德、职业道德、家庭美德、个人品德建设，激励人们向上向善、孝老爱亲、忠于祖国、忠于人民”。因此，学习和遵守职业道德，是落实党中央《公民道德建设实施纲要》的具体体现，是响应党和政府号召贯彻执行好党的十九大精神的积极表现。

总而言之，学习职业道德，对于个人工作、企业发展、行风建设、社会和谐进步、实现中华民族伟大复兴的中国梦都有重大意义，我们应该努力学好职业道德这门课。

二、本教材的内容

本教材根据主要读者对象，安排了绪论、职业道德概述（第一章）、职业道德的主要范畴（第二章）、职业道德行为规范（第三章）、职业道德修养（第四章）等篇章。绪论，主要阐述学习职业道德的意义、职业道德的内容、职业道德课程的特点、学习职业道德的方法，分别回答了为什么学、学什么、本教材有哪些特点、怎么学习等读者关心的几个主要问题。第一章首先介绍了职业道德的含义、特点、作用（功能）等问题，然后阐述了职业道德的核心和原则，并简要分析了职业道德与社会公德、家庭美德、个人品德和法律法规之间的关系。第一章对后几章有引领的作用。第二章阐述了职业道德范畴内的职业义务、职业权力、职业责任、职业纪律、职业良心、职业荣誉、职业幸福、职业理想等基本知识。这一章具有承上启下的作用。第三章阐述了职业道德的基本规范和相关行业的重要规范。第四章阐述了职业道德的行为选择、行为评价和行为修养三个层面层层递进的职业道德修养体系。可以说，各章节的内容都是职业道德课中的基本内容，也是学习职业道德、实践职业道德的基本内容。

三、本教材的主要特点

本教材在写作中体现了以下四个特点：

1. 简洁明了，通俗易懂

为适合在职职工、事业单位参加机关事业单位工人技术等级考核人员和参加国家职业技能水平评价与认定的各类人员学习，本教材把深奥的哲理尽可能具体、通俗、简明地表达出来，如在讲解职业道德范畴时用“含义”取代“概念”，在案例说明中列举职工职业生活中的鲜活案例来说明内容、宣传主张等。

2. 思路清晰，逻辑性强

全书把绪论作为引子，在此基础上先讲述职业道德概述，然后讲职业道德的主要范畴、职业道德规范，最后讲职业道德修养。层层递进，相互衔接，相互照应，具有思路的系统性、连贯性和逻辑的严密性。书中各章节的安排注意了职业活动的逻辑关系。绪论回答了为什么学、学什么、怎么学的问题。第一章讲述了职业道德的含义、特点、作用，并分析职业道德与社会公德、家庭美德、个人品德及法律法规之间的关系。第二章讲职业道德的主要范畴，所讲八个范畴都是在讲含义基础上揭示特点，根据特点提出相关要求。第三章讲职业道德行为规范，按先基本规范（各行各业共同规范）后特殊规范（某一行业或企业规范）的思路来编写，所列举的部分特殊规范具有举一反三的作用。第四章把职业道德修养看成一个动态过程，从职业道德行为选择到对选择的行为进行道德评价，在评价是非基础上提高自己的职业道德修养。第四章按这一学习实践活动的内在结构来编写，使表面看似松散的知识内容，变得脉络清晰、逻辑性强。

3. 突出重点，兼顾其他

本教材几乎涉及了职业道德的全部内容，但根据主要学习对象的需要，在全面介绍职业道德知识的基础上，注重突出重点内容。第一章的重点是阐明职业道德的含义、特点、作用。所介绍的道德知识，只是为写职业道德打基础；所涉及的职业道德、社会公德、家庭美德、个人品德只简要说明它们是相辅相成、相互促进的关系，同时也让读者了解了社会公德、家庭美德、个人品德的基本知识；所涉及职业道德与法律法规的关系主要说明道德的边界之外有法律法规的约束，不遵守职业道德就将受到道德以外的处罚，德治和法治是紧密结合、互为支撑的关系。

第二章主要讲职业道德范畴。传统的道德理论著作（或教材）把义务、良心、荣誉和幸福作为四个“基本范畴”，多数职业道德教材则把这四个“基本范畴”移植过来作为职业道德的基本范畴，如提出职业道德范畴有“职业道德、职业态度、职业责任、职业技能、职业纪律、职业义务、职业良心、职业荣誉、职业幸福、职业作风、职业理想”11个范畴。根据在职员工的职业特点和实际情况，本教材删去“职业技能”以避免与技能培训重复，删减了可以包含在职业责任、职业义务、职业纪律中进行阐述的“职业态度、职业作风”，增加了“职业权力”这一范畴。这样，本教材选取了“职业义务、职业权力、职业责任、职业纪律、职业良心、职业荣誉、职业幸福、职业理想”8个主要范畴作为学习内容，突出了重点。

第三章介绍职业道德行为规范。只讲“爱岗敬业，诚实守信，办事公道，服务群众，奉献社会”5句话20个字的职业道德基本行为规范是不够的，这是因为对于建立学习型社会所必需的“不断学习”，建成小康社会所必需的“开拓创新”等重要的职业道德素质和“勤俭节约，艰苦奋斗”这一传统的职业道德素质，也应该学习和掌握。而在本教材中把各行各业的职业道德要求都写进去也是不可能的，而且没有必要。考虑到既要讲好各行各业共同的基本规范，还要突出重点内容，本教材只着重阐述了以下10个方面的职业道德行为规范：爱岗敬业，忠于职守；诚实守信，宽厚待人；办事公道，服务群众；以身作则，奉献社会；勤奋学习，开拓创新；精通业务，技艺精湛；讲究质量，注重信誉；遵守法纪，文明安全；团结协作，互帮互助；艰苦奋斗，勤俭节约。在此基础上，再介绍部分行业的职业道德规范以供读者参考。

第四章讲述职业道德修养。考虑到在职员工大多属于成年人，死记硬背职业道德的概念、知识、规范困难较大，而职业道德又具有极强的实践性，懂得如何对行为进行理性评价，以正确选择职业道德行为，乃至在整个职业生涯中长期恪守职业道德最为重要，因此，本教材把职业道德修养作为落脚点。

4. 针对性强，创新点多

本教材的针对性主要体现在三个方面：一是把各行各业的在职职工和参加国家职业水平评价与认定的人员等作为读者对象，讲这一读者群的共同职业道德；二是教材内容贴近职工思想实际、贴近职工生活、贴近职工的职业活动，便于学以致用；三是把各职业的《国家职业技能标准》对职业道德的共同要求和内容范围，分解到全书各章节，并在书后编入模拟试题，同时还针对全国机关事业单位工人技术等级考核和技师职务考评编写了模拟试题，这样有助于各类学员复习备考，顺利通过职业道德相关考试。

本教材的创新思维主要体现在以下四方面：一是注重职业培训的时代特征，使本教材有别于以往的职业道德教材；二是在教材的结构思路、层次脉络上有所创新；三是增加了与时俱进的观点和规范，如把“职业权力”作为职业道德的范畴，把“不断学习”与“开拓创新”作为建设学习型社会和全面建成小康社会必须增加的职业道德基本规范等；四是把职工的职业道德修养与职业生涯的动态过程结合起来，在知与行中重“行”，在“修行”中重过程，在过程中重长期一贯、表里如一的“德行”等。

四、学习职业道德的方法

学习职业道德的方法很多，这里主要讲几种常用的方法。

1. 业余自学与集中面授相结合

为了解决工学矛盾，使学习与工作两不误，学员们首先要采取业余自学的方式进行学习，通过看书学习，做读书笔记，完成每章后的思考练习题，解答教材中给出的模拟试题，以掌握有关知识。对学不懂或有疑问的地方，可待教师集中面授、当面辅导时提问求释，以解决难题。

2. 理论学习与联系实际相结合

教材讲的是职业道德的一些基本概念、重要原则、主要范畴、基本规范和职业道德修养等基本知识，学习和掌握这些知识对职业道德实践和加强道德修养有很好的指导作用。如果能联系自己的职业活动实际进行学习，学习效果也会大大提高。

3. 学习榜样与个人修养相结合

榜样的力量是无穷的。习近平总书记在会见第四届全国道德模范及提名奖获得者时强调："道德模范是社会道德建设的重要旗帜，要深入开展学习宣传道德模范活动，弘扬真善美，传播正能量，激励人民群众崇德向善、见贤思齐，鼓励全社会积善成德、明德惟馨，为实现中华民族伟大复兴的中国梦凝聚起强大的精神力量和有力的道德支撑。"学习职业道德，除了个人认真读书，学习掌握教材中的基本知识，在工作岗位上不断实践提高道德水平外，还应当主动向本岗位、本单位、本行业乃至全国的先进典型学习，把他们作为参照系，从他们身上汲取营养，陶冶自己的道德情操，纠正自身行为偏差，使自己的职业道德水平不断提高。道德模范郭明义、李成环，艰苦奋斗的"铁人"王进喜，热心为群众服务的现代活雷锋李素丽，工人技术专家李斌，大国工匠陈闰祥，抗"非典"英雄钟南山，抗震救灾英雄邱光华、武文斌，航天英雄杨利伟、翟志刚等英雄模范人物，都是弘扬职业精神、恪守职业道德的典范，是最值得我们学习的。

除此之外还应该不断提高职业道德修养，明辨是非、善恶、美丑，增强职业道德行为评价、选择和自控能力，持之以恒地做到"修身"与"慎独"。从而不断提高职业道德觉悟、锻炼职业道德意志、培育职业道德情感和良心，以养成优良的个人道德品质，最终达到理想和崇高的职业道德境界。

4. 把握特点与掌握重点相结合

把握好本教材特点，对学好职业道德无疑是有很大的帮助的。如第二章职业道德范畴中所讲的8个范畴，均采用对称结构形式进行分析，在阐述含义的基础上揭示特点，根据特点提出相应要求，学习时如果能列表加以对比，学习效果就会更好。由于全书内容重点突出，读者在通读全书时如果能用心掌握所列重点内容，就有利于学好职业道德相关知识。

5. 知行统一与四德兼修相结合

职业道德课是一门实践性极强的课程，职业道德必须在职业生涯的各项活动中鲜明地表现在自己的行为上，如：全心全意地为顾客服务，遇事首先考虑对国家、集体是否有利，切实履行职业义务，正确行使职业权力，认真负起职业责任，严格遵守职业纪律，讲究职业良心，正确对待职业荣誉，自觉奉行职业规范，追求职业幸福，实现光荣的职业理想，等等。这就要读者不断加强职业道德修养，把知和行有机地统一起来。

职业道德、社会公德、家庭美德、个人品德是公民道德的四个重要组成部分。要学好职业道德，必须四德兼修。人的活动，从时空上讲，或者在职业岗位，或者在公共场所；既不在职业岗位，又不在公共场所，就在家庭之中。在职业岗位上要遵守职业道德，在公共场所要遵守社会公德，在家庭之中要遵守家庭美德。三者贯通一体，不可割裂，因为对于一个人来讲，职业道德、社会公德、家庭美德、个人品德四者是很难截然分开的。很难设想一个不讲社会公德、不讲家庭美德和个人品德的人会恪守职业道德；而实际上社会公德、家庭美德、个人品德好的人，往往职业道德也不错。如文明礼貌、勤俭节约、艰苦奋斗既是家庭美德、个人品德，也是社会公德，同时又是职业道德。因此，我们把四德兼修作为学习职业道德的一种重要方法来提倡。

◎ 思考与练习

1. 学习职业道德有哪些意义？
2. 本教材有哪些主要特点？
3. 本教材包括哪些内容？
4. 学习职业道德这门课有哪些好方法？

第一章

职业道德概述

职业道德的特征和作用是什么？它的核心思想与指导原则是什么？它与其他道德规范的关系如何？本章将回答这些问题。

第一节　职业道德的特征与作用

一、职业道德的含义及特征

1. 职业道德的含义

道德是由社会政治经济关系所决定并符合时代特征的，用善恶标准进行评价的，依靠社会舆论、风俗习惯和内心信念来维系和调节个人与社会之间利益关系的社会意识和行为活动的总和。而职业道德是从业者在职业活动中应该遵循的符合自身职业特点的职业行为规范，是人们通过学习与实践养成的优良的职业品质，它涉及从业人员与服务对象、职业与职工、职业与职业之间的关系。职业道德行为规范是根据职业特点确定的，它是指导和评价人们职业行为善恶的准则。每一个从业者既有共同遵守的职业道德基本规范，又有自身行业特征的职业道德规范，如教师的有教无类、法官的秉公执法、官员的公正廉洁、商人的诚实守信、工人的质量与安全、医生的救死扶伤等，都反映出自身行业的职业道德特点。职业道德品质是通过知识学习和社会实践，在社会和职业环境的影响下逐渐养成的，它是将从业者向善发展的职业道德意识、意志、情感、理想、信念、观念（即精神）固化的结果。这种优良的职业道德品质又是通过从业者的职业活动以正确评价、指导自身或他人的职业行为，达到协调人与人之间、职业与职业之间的关系，使之和谐健康发展。

2. 职业道德的特征

职业道德主要有以下七个方面的特征。

一是职业性。职业道德必须通过从业者在职业活动中体现。职业道德主要体现在从事工作的人群中。如果一个人从 20 岁到 60 岁是工作期，那么一个人最主要的年华和精力都是用于工作；除少数有特殊情况的人之外，绝大多数的人都要从事职业活动。有职业活动，就会有职业道德。

二是普遍性。职业道德的普遍性首先是由其职业性决定的。从事职业的人群众多，范围广大，这就决定了职业道德必然带有普遍性。职业道德有其从业者必须共同遵守的基本行为规范。2001 年 9 月中共中央印发的《公民道德建设实施纲要》明确提出，“爱岗敬业、诚实守信、办事公道、服务群众、奉献社会”是从业人员职业道德规范的主要内容，要求所有从业者都要共同遵守。其次，职业道德的普遍性也表现在每一个职业都明确规定有职业纪律和规章，要求每一个从业者都必须在法律规定的范围之内从事工作。换句话说，法律不容许做的事，职业纪律和职业道德也是不容许的。因此，遵纪守法也是从业者应该共同执行的职业道德行为规范。再次，职业道德的普遍性还表现在全世界所有的从业者都有共同遵守的职业道德规范，例如，医疗行业体现的人道主义、救死扶伤，医生白求恩对医术精益求精、对工作极端负责的精神，护士南丁格尔对每个病人都一样热心服务，等等。再如，爱岗敬业、忠于职守、诚实守信、团队合作、遵守职业纪律、遵守所在国法律、勤俭节约、奉献社会等精神，都具有世界职业道德的特征。在 2001 年“9·11”恐怖袭击事件中，当时纽约双子座大厦面临倒塌的危险，大厦内的人们正在撤离，为了解救危难中的群众，300 余名警察不顾个人生命危险冲入大厦，结果全部罹难。这种忠于职守、奉献生命的精神，是全世界从业者共同提倡的职业道德，这种事例在世界各国的职业活动中都可以列举出来。由此可见，职业道德的普遍性特征是毋庸置疑的。

三是自律性。即职业道德具有自我约束、控制的特征。从业者通过对职业道德的学习和实践，产生职业道德的意识、觉悟、良心、意志、信念、理想，形成良好的职业道德品质以后，又会在工作中产生行为上的条件反射，形成选择有利于社会、有利于集体的行为的高度自觉，这种自觉就是通过职业道德意识、觉悟、良心、意志、信念的自我约束控制来实现的。这也是职业道德与法律、纪律的区别之所在，因为法律、纪律是通过命令或强制的方式来实现对公民的行为约束的，而自我约束控制职业行为的这种自律性乃是职业道德的显著特征。

四是他律性。即职业道德具有舆论影响的特征。从业人员在职业生涯中，随时都受到所从事职业领域的职业道德舆论的影响。实践证明，创造良好的职业道德社会氛围、行业风气、职业环境，并通过职业道德舆论的宣传、监督，可以有效地促进人们自觉遵守职业道德，实现互相监督。

五是鲜明的行业性和多样性。职业道德是与社会职业分工紧密联系的，各行各业都有适合自身行业特点的职业道德规范。例如，从事信息安全职业的人员以确保信息安全为己任是其主要的职业道德规范，教师是以其有教无类、为人师表、教书育人的高度示范性为其主要职业道德行为规范，产业工人是以注重产品质量和效益为其主要职业道德行为规范，从事服务业的人员是以其热情周到的服务为其主要职业道德行为规范。正因为职业道德具有多行业性，因而就表现出形式的多样性。

六是继承性和相对稳定性。职业道德反映职业关系时往往与社会风俗、民族传统文化相联系，许多职业道德跨越了国界和历史时代作为人类职业精神文明文化被传承了下来，如“诚信”“敬业乐业”“互助与协作”“公平”“勤俭节约”等，这就是它的继承性。中华民族正是通过对这些优秀的思想道德文化的传承，充分体现出文化自信。从业者通过学习和修养，一经形成良好的职业道德品质，这种“品质”一般就不会轻易改变，它会自觉或不自觉地指导自己的职业行为，并影响他人的职业行为，这就是它的相对稳定性。

七是很强的实践性。一个从业者的职业道德知识、情感、意志、信念、觉悟、良心、行为规范等都必须通过职业的实践活动，在自己的职业行为中表现出来，并且接受行业职业道德的评价和自我评价，使职业道德形成一个理论与实践的紧密结合体。因此，学习职业道德，是为了更好地践行职业道德。

二、职业道德的形成

1. 职业道德的形成过程

（1）职业道德在奴隶社会逐渐形成。职业道德萌芽于原始社会末期。当时出现两次大分工，即畜牧业和农业的大分工、手工业和农业的大分工。由于人们过着不同的职业生活，从事着不同的职业实践，承担着不同的职业责任，各自的职业利益和需要就产生了，调节、指导、约束人们职业行为的职业道德也慢慢萌发了。这种职业道德萌芽主要是以行为、动作、语言等形式，以氏族禁忌、宗教仪式、模仿老人的行为等形式表现出来。

进入奴隶社会以后，职业道德才真正形成。由于生产工具的发展，人们由原来使用石器变为使用铁器，劳动效率不断提高，生产的劳动果实也慢慢多了起来，一部分人逐渐脱离了生产粮食或其他产品的直接劳动，而是从事政治、教育、艺术、商业、军事等活动。我国战国时代在《周礼·考工记》中记载当时“国有六职”，即“王公、士大夫、百工、商旅、农夫和妇功”。随着职业的进一步分化和复杂化，人们在职业活动中需要礼仪和秩序，职业道德就真正形成了。那时，实际上，每一个阶级，甚至每一个行业，都有各自的道德。奴隶社会的职业道德，主要是奴隶主和自由民的职业道德，没有奴隶的职业道德，因为奴隶被奴隶主看作“会说话的工具”。

（2）职业道德在封建社会不断发展。职业道德在封建社会的发展主要表现在四个方面：一是把道德和职业道德作为封建统治阶级统治的辅助工具，强调施行“仁政”，要“为政以德”（孔子语），反对“苛政”，认为“苛政猛于虎”（孔子语），以此舆论来协调统治阶级与被统治的老百姓的关系。二是强调“教化”，认为教育要“德教为先”“修身为本”，还认为教书先生要做到“有教无类”（孔子语），就是对教育对象不分高低贵贱等级。三是强调“治官吏”，对大小官吏进行职业道德的考察和监督，把官吏的升迁与德行、品行联系起来，提倡“举孝廉”“举贤良”。四是强调伦理纲常，这种伦理纲常就是为封建统治阶级服务的道德，即许多包括职业道德的道德观念，如“公忠”“正义”“孝慈”“诚信”“自强”“勇毅”“廉洁”“勤俭”“敬业”“宽恕”“良心”等。

（3）职业道德在资本主义社会的发展。社会发展到资本主义时代，随着工业革命的到来，出现了社会化大生产，出现了流水生产线，出现了更大规模的职业分工，在过去的基础上又产生了律师、工程师、建筑师等新职业，这种工业化大生产更需要纪律和对从业人员的约束，因此，许多新职业的道德规范随之产生。资本主义社会物质财富得到了较快的积累，而社会却出现了贫富悬殊——两极分化，资本主义国家出于政治统治的需要，还把这个时代提出的“自由、平等、博爱”以及“契约精神”作为思想道德和职业道德，这对封建社会来讲是一个进步，但是其伦理道德中那种“个人主义、自由主义”等思想却是应该批判的。

（4）资本主义与社会主义并存时代的职业道德。在近代、现代、当代资本主义发展阶段，世界出现了无产阶级革命和社会主义，在两种社会制度并存的世界，职业道德的精神、规范、品质、修养等在有些方面具有相同的地方，如“人道”“公平原则”“职业的诚信”“职业活动中的协作、团队精神”“忠于职守”，以及要求每一位从业者都要遵守“职业纪律”和所在国的法律等。但是它们又是有区别的：首先，社会主义制度是人类历史上目前最先进的制度，在职业道德领域与其他历史上各种社会制度的职业道德最本质的区别就是“为人民服务”；其次，职业理想、职业信念不同，随着社会主义事业的发展，职业道德建设会更快地发展和完善。

（5）社会主义职业道德。新中国通过汲取中华民族的优秀道德文化，在经历了半个多世纪的发展和社会主义道德建设实践后逐渐形成了较为完整的社会主义职业道德体系。社会主义职业道德以为人民服务为核心，集体主义为原则，这是所有从业人员在职业活动中应该遵循的行为准则，它涵盖了从业人员与服务对象、职业与职工、职业与职业之间的关系。随着社会对广大从业人员的职业观念、职业态度、职业技能、职业责任、职业纪律、职业理想和职业作风要求越来越高，《公民道德建设实施纲要》明确提出了“爱岗敬业、诚实守信、办事公道、服务群众、奉献社会”的 20 字职业道德规范，鼓励人们在工作中做一个合格的社会主义建设者。

2. 传承文明，开拓创新，促进职业道德建设

在几千年的历史长河中，我们的祖先创造了光辉的古代文化和宝贵的道德精神遗产，学习和了解中华民族历史上所形成的优良道德和职业道德，目的就是要弘扬民族精神，传承文明，继往开来，开拓创新，彰显文化自信，更好地为建设社会主义服务。习总书记在《培育和弘扬社会主义核心价值观》中指出：“中华传统美德是中华文化精髓，蕴含着丰富的思想道德资源。不忘本来才能开辟未来，善于继承才能更好创新。对历史文化特别是先人传承下来的价值理念和道德规范，要坚持古为今用、推陈出新，有鉴别地加以对待，有扬弃地予以继承，努力用中华民族创造的一切精神财富来以文化人、以文育人。”习总书记为我们如何传承中华传统职业道德，促进职业道德建设指明了方向。可以从传统文明中继承的职业道德精华主要有：

一是志向坚定的积极进取精神。如先秦的《周易·象传》提出的“天行健，君子以自强不息”，政治家、军事家曹操的“老骥伏枥，志在千里；烈士暮年，壮心不已”，李清照的“生当作人杰，死亦为鬼雄”，王守仁的“志不立，天下无可成之事”，等等，这类名言所弘扬的精神，世世代代激励着中华儿女，也是职业道德意志品质修养的座右铭。

二是忠诚和奉献精神。诸葛亮的“鞠躬尽瘁，死而后已”，《淮南子》中的“公正无私，一言而万民齐”，范仲淹所说的“先天下之忧而忧，后天下之乐而乐”，等等，这类优秀传统文化，激励着后人在职业活动中要讲忠诚和奉献。

三是勤俭节约、艰苦奋斗精神。这是中华民族的传统美德。《左传》中就有“俭，德之共也；侈，恶之大也”的警句。其意思是：节俭是大家所推崇的美德，奢侈是极坏的行为。李商隐在《咏史》中写道：“历览前贤国与家，成由勤俭败由奢。”艰苦奋斗精神，是中华民族的传统美德，更是一种职业道德。而在现代，中国共产党领导的新民主主义革命史就是一部可歌可泣的艰苦奋斗史，井冈山精神、长征精神、延安精神无不体现了革命先辈艰苦奋斗的精神。在社会主义现代化建设中，许许多多的老一辈革命家为后人树立了勤俭节约、艰苦奋斗的榜样。

在古代职业道德文明中，还有教书先生的“有教无类”，医生的“救死扶伤”，工匠艺人“精雕细琢”“精益求精”的工匠精神，戍边军人的“出生入死”“百战沙场”“杀敌立功”等许多精华。从古代道德文明中汲取这些精神营养，可以增强人们的爱国主义精神，提高民族的凝聚力，增进民族自豪感，促进社会主义精神文明建设。

三、职业道德的社会作用

职业道德在道德体系中占有重要地位，建立和完善科学的职业道德体系，在全社会从业者中开展职业道德教育，培养良好的职业道德品质，其意义重大、作用明显。其主要表现在以下六个方面。

一是规范全社会职业秩序和劳动者的职业行为。职业道德的主体是职业道德规范，这是协调劳动者之间关系、个人与集体关系、单位与个人关系的准则，也是规范劳动者的职业行为准则，职业道德正是通过这种准则来调节职业活动中各种关系、利益和矛盾，维护职业活动秩序的。因此，职业道德可以起到规范职业秩序和劳动者职业行为的作用。

二是提高劳动的质量、效益和确保职业安全卫生。职业道德规范中明确提出劳动者要讲究产品和服务的质量，注重信誉，文明生产，确保职业安全卫生。如果每一位劳动者都按照这些规范去做，在工作中不断提高这种意识，自觉抵制掺杂使假、玩忽职守、不讲劳动安全、不顾产品服务质量的行为，就可以大大提高劳动生产率，促进生产力更快发展。

三是提高劳动者的职业素质。劳动者的职业素质主要包括德育素质（思想政治素质与职业道德素质）、基本文化素质、专业知识和技术技能素质、身心健康素质。而职业道德素质在德育素质中也是非常重要的，劳动者在职业生涯中要始终把职业道德修养放在首位，培养职业道德的自觉意识，提高觉悟，以形成自觉遵守职业道德行为规范的观念和品质，这样不仅可以净化自己的灵魂，而且有利于专业知识技能的提高和身心的健康，最终达到自身职业素质的全面提高。

四是可以提高党和政府的执政能力。《中共中央关于加强党的执政能力建设的决定》指出：对全党要“加强理想信念教育，弘扬以爱国主义为核心的民族精神和以改革创新为核心的时代精神，弘扬集体主义、社会主义思想，使全体人民始终保持昂扬向上的精神状态。坚持依法治国和以德治国相结合，实施公民道德建设工程，发扬中华民族传统美德，在全社会倡导爱国守法、明礼诚信、团结友善、勤俭自强、敬业奉献的基本道德规范，反对拜金主义、享乐主义、极端个人主义，消除封建主义残余影响，抵御资本主义腐朽思想文化的侵蚀”。这里的“基本道德规范”，许多方面都体现在职业道德的内容中。党的十九大更是专门提出要加强思想道德建设。因此，加强职业道德教育，也关系到提高党的执政能力的大局。

五是促进企业文化建设。职业道德是企业文化的重要组成部分，先进的企业文化是把企业职工的思想和职业道德教育放在首位的，这是因为职工技术技能只是职工干工作的基本条件，而职业道德却是要解决职工充分发挥自身的积极性，主动去提升职业能力、干好本职工作的问题。营造企业良好的职业道德氛围还可以增强企业凝聚力，提高企业的综合竞争力，提高产品质量、服务质量，降低产品成本，提高劳动生产率和经济效益，增强企业的组织纪律性，促进企业技术进步和产品创新，有利于塑造企业的良好形象。因此，职业道德教育在促进企业文化建设方面起到了主导作用。

六是促进社会良好道德风尚的形成。良好的社会主义道德风尚离不开职业道德建设，良好的职业道德促进良好的社会道德风尚的形成。如雷锋的全心全意为人民服务的精神，许振超的爱岗敬业、忠于职守、对技术精益求精的精神，任长霞的秉公办事、主持正义、服务群众的精神，中国奥运冠军顽强拼搏的精神，在我国抗“非典”、抗冰雪灾害、抗震救灾等重大考验中英勇捐躯的勇士们无私奉献的精神，等等，这些高尚的职业道德精神对整个社会形成良好道德风尚起到了极好的示范作用，激励着广大人民群众在自己的工作岗位上为社会做贡献。

第二节 职业道德的核心思想和指导原则

社会主义道德体系把“五爱”（爱祖国、爱人民、爱劳动、爱科学、爱社会主义）作为社会主义道德的基本要求，把为人民服务作为核心思想，把集体主义作为指导原则，把社会公德、职业道德、家庭美德、个人品德作为着力点。社会主义职业道德也是以此为基本要求、核心思想和指导原则，并与社会公德、家庭美德密切相关的。本节将着重论述社会主义职业道德的核心思想和指导原则。

一、为人民服务是社会主义职业道德的核心思想

1. 为人民服务是中国共产党的宗旨

早在 1944 年，毛泽东同志在中共中央警备团追悼张思德的大会上做了《为人民服务》的讲演，明确提出为人民服务的思想，从此为人民服务就成为党的宗旨，并且写进了《中国共产党章程》，规范着每个党员的言行。许多同志甚至不惜牺牲生命来实践党的这一宗旨，使中国共产党深得民心，所领导的事业取得了一个又一个胜利。邓小平同志把社会主义的本质概括为“解放生产力，发展生产力，消灭剥削，消除两极分化，最终达到共同富裕”，实现共同富裕就是为人民服务的具体实践。“三个代表”重要思想、科学发展观、

习近平新时代中国特色社会主义思想都是对为人民服务思想的发展和最好的体现。党的十九大修改并通过的《中国共产党章程》指出：党的建设必须“坚持全心全意为人民服务。党除了工人阶级和最广大人民群众的利益，没有自己特殊的利益。党在任何时候都把群众利益放在第一位，同群众同甘共苦，保持最密切的联系，坚持权为民所用、情为民所系、利为民所谋，不允许任何党员脱离群众，凌驾于群众之上”。这是对我党服务人民群众，带领全国人民共同致富，实现中华民族伟大复兴的最好总结。作为党的宗旨的为人民服务思想，将继续为党带领全国人民实现中华民族的伟大复兴指明方向。

2. 为人民服务是区别其他社会形态“职业道德”的本质特征之一

以为人民服务为核心的职业道德，首先要解决的是职工与职工、职工与集体、职业与职业之间利益关系问题和为谁工作的问题。马克思在学生时代就立下了“为人类福利而劳动”“为世界大多数人谋利益”的志向，列宁提出要为“千千万万劳动人民服务”，提倡“我为人人，人人为我”的道德原则。以为人民服务为核心的职业道德是社会主义的本质决定的，为人民服务与共同富裕，两者目标一致。

在建设新时代中国特色社会主义市场经济的过程中，所有的职业活动仍然要以为人民服务为核心。这有三个方面的理由：一是新时代中国特色社会主义市场经济的发展需要社会主义道德伦理这样的先进文化，只有用先进的文化去鼓舞人，才能使劳动者始终保持奋发向上、积极进取的昂扬斗志，而为人民服务精神就是这样一种精神文化。二是商品生产本身包含着为他人服务的属性。不管商品生产者的主观动机和目的如何，如果自己的产品或经营的产品、服务的项目不能首先满足社会的需要和广大消费者的需求，其所追求的利润就不能实现。美国福特公司总裁认为：“在这以前，我们福特公司的文化传统一直认为，在我们的经营中只有一个中心目标，就是使投资得到利润。经过多年的艰苦努力，才懂得原来还有别的一些东西，如为顾客服务也可作为中心目标，也就是说，假如你把为顾客服务看作是中心的话，利润也就随之而来，从而更坚定了服务第一、利润第二的信念，并且能站在顾客的立场上来观察和制定企业存在的价值和目的。”他们的这种做法就在客观上起到了奉献社会、服务他人的作用。我们中国特色社会主义市场经济中的企业应当自觉地服务人民、奉献社会，以取得最佳的社会效益和经济效益。三是社会主义社会从业者既是服务者，也是被服务的对象。这是因为从本质上讲，中国特色社会主义市场经济中的广大劳动群众仍处于主人翁地位，每个劳动者既要主动为他人服务，又能享受他人的服务，因此要大力提倡“我为人人，人人为我”的道德风尚。

总之，中国特色社会主义市场经济需要以为人民服务为核心的职业道德精神文化的支持，以为人民服务为核心的职业道德会极大地促进中国特色社会主义市场经济健康发展，自觉地为人民服务是社会主义职业道德区别于其他社会形态职业道德的本质特征。

3. 每一位从业人员都要努力实践为人民服务

在社会主义市场经济建设中，每一位从业人员在自己的工作中都要自觉地为人民服务。“我们的一切干部不论地位高低，都是人民的勤务员”，要始终坚持人民的利益高于一切。各行业、各领域的从业人员都要忠于职守，努力为人民谋利益，通过辛勤劳动将自己的知识、智慧奉献于社会。只有每一位从业者都努力为人民服务，一切从人民的利益出发，想人民之所想，急人民之所急，为社会做贡献，社会才会变得更加美好。

二、社会主义职业道德的指导原则是集体主义

在职业活动中如何体现集体主义的职业道德原则，必须搞清什么是集体主义，为什么要把集体主义作为职业道德的指导原则。

1. 集体主义的含义

集体主义包含了三个方面的内容：一是集体主义强调以集体利益为基础，集体利益高于个人利益，这是由社会主义性质和个人与集体的关系所决定的。二是集体利益强调个人、集体、国家三者利益统筹兼顾、和谐发展，这是因为社会主义社会，个人利益、集体利益、国家利益在根本上是一致的，三者必须统筹兼顾、和谐发展，才能调动各方面的积极性，促进生产力的健康发展，这是几十年来社会主义建设的经验总结。三是集体主义强调，在维护和发展好国家利益、集体利益的前提下，要充分满足个人正当利益，这是因为社会生产的目的就是满足人们日益增长的美好生活的需要，社会主义的本质就是解放和发展生产力，实现共同富裕。

2. 为什么要以集体主义作为职业道德的指导原则

第一，集体主义集中反映了广大劳动人民的根本利益。我国现阶段实行的是社会主义市场经济，它是以公有制为主体、多种经济所有制并存的混合所有制经济，在这种情况下必须首先维护最广大人民群众的根本利益，巩固国家的经济基础，因此必须坚持集体主义的职业道德原则。

第二，集体主义是正确处理个人利益、集体利益、国家利益关系的基本原则。在社会主义制度下，国家利益、集体利益、个人利益在根本上是一致的，但是在现阶段，我国坚持以公有制为主体、多种所有制经济共同发展的基本经济制度。人们在从事职业活动的过程中，个人利益与国家利益、集体利益会发生矛盾和冲突，要正确处理好国家、集体和个人三者之间的关系，就必须以集体主义这把尺子来衡量：当国家利益与局部的集体利益发生冲突时，局部的集体利益要服从国家利益；当局部的集体利益和个人利益发生冲突时，个人利益要服从局部的集体利益；当国家利益、集体利益和个人利益发生冲突时，个人利益应当服从国家和集体利益。

第三，集体主义职业道德原则是区别于其他阶级社会形态道德的本质特征之一。有阶级的社会形态，即奴隶社会、封建社会和资本主义社会，其职业道德都带有剥削阶级的伦理道德的特征，只有社会主义职业道德才是以集体主义为原则，以人民利益作为最高利益的。

3. 应当怎样坚持集体主义的指导原则

（1）提倡正确的义利观。“义”就是为人民服务，就是集体主义，就是无私奉献；“利”是通过劳动的合理回报。要正确处理好两者的关系。在职业活动中，我们应当大力提倡把国家和人民的利益放在首位而又充分尊重公民的合法权益的社会主义义利观。首先

要把国家和人民的利益放在首位，要牢固树立国家利益高于一切的思想，同时每一位从业者通过自己的辛勤劳动都会享有自己的劳动成果和合法权益。必须承认在不损人利己、不损公肥私的情况下通过劳动获取正当利益的正当性。只要从业者遵纪守法，恪守公民道德，不损害他人和社会公众的利益，自己的致富就会有利于社会，也符合集体主义的指导原则。如果只讲义而不讲利，就会影响劳动者的工作积极性；反之，只讲利而不讲义，只讲获取，不讲贡献，就会出现极端个人主义、利己主义，就会见利忘义。因此，必须使两者很好地结合以实现双赢。但是一旦义利发生矛盾冲突时，就应该舍利取义。

（2）要正确认识和区分个人主义与个人利益、个人努力奋斗，集体主义与小团体主义。

1）个人主义与个人利益的区别。个人主义表现为在把个人利益视为高于一切，把个人利益置于党和人民的利益之上，是与集体主义完全相反的。个人利益则是劳动者生活和发展的需要。社会主义市场经济允许个人在遵守法纪、遵守社会道德和职业道德的前提下，通过诚实劳动、科学经营获得的个人利益，这种个人利益不是个人主义，这是因为当个人利益与国家和集体利益发生矛盾的时候，个人利益是让位于国家和集体利益的，而个人主义则是处处表现为自私自利，当个人利益与国家利益发生冲突时，首先考虑的是如何有利于自己。这就是个人主义与正当的个人利益的本质区别。

2）个人主义与个人努力奋斗的区别。个人努力奋斗是从业者通过个人的刻苦学习、钻研，付出超常的艰苦劳动，攻克各种难关，在职业活动中取得巨大成绩、成果。例如，在北京奥运会上，我国体育健儿取得金牌数居世界第一的战绩，与以陈燮霞等为代表的大批优秀运动员的个人努力奋斗是分不开的；在科技领域，袁隆平杂交水稻的推广，“两弹一星”元勋们的试验成功，以及任何一项创造发明，都是与科学家个人的努力奋斗分不开的；在平凡的工作岗位上，也有无数创造非凡业绩的劳动者，他们通过个人努力奋斗，为社会创造了更多更好的物质和精神财富。这样的个人努力奋斗是值得提倡的。不过，个人努力奋斗也要处理好集体与个人的关系。现代社会，要想在职业领域取得优异的成绩，往往离不开集体，个人努力奋斗也要与依靠集体的智慧和力量相结合，才能取得更大的成功。如果只讲个人奋斗，只突出个人的力量，或者将个人努力奋斗所取得的成果作为向国家和人民索取报酬的砝码，就会走向反面，变成个人英雄主义，甚至是极端自私的个人主义。因此，在提倡个人努力奋斗的同时，要坚决反对追逐个人名利的个人主义。

3）集体主义与小团体主义的区别。小团体主义是指为了本地区、本部门、本单位、本企业或一伙人的利益而不顾国家利益的行为。这是与集体主义有着本质区别的。例如，我国有些地区过去走私，一些地区的行政部门参与了，有些企业参与了，表面上看，他们为本地区、本单位和个人暂时获得了较为丰厚的“利益”，但是，这是以损害国家和人民的利益为代价的，他们践踏了国家的法律制度，破坏了国家的关税制度，扰乱了国家正常的经济秩序，这样的小团体主义对国家的社会主义建设事业破坏力极大，这是有组织的犯罪，并且对部分地区、部分单位、部分企业的群众具有很大的诱惑力和欺骗性。一些单位出现的私分国有资产的犯罪行为能堂而皇之地得逞也与小团体主义有关。小团体主义就是放大了的个人主义。因此要坚决反对损害全局利益、保护局部利益的小团体主义，对构成犯罪的还要绳之以法。

（3）要用集体主义的观点和集体主义的精神认识、处理职业人际关系。首先，要发扬“一方有难，八方支援”的集体主义和人道主义精神。扶危济困是中华民族的传统美德，集体主义也是传承文明的具体体现。例如，2008 年 5 月 12 日，我国四川汶川发生了 8.0 级地震，给当地人民的生命和财产造成了巨大的损失，全党、全军、全国人民立刻全力投入抗震救灾的战斗中，体现了大爱无疆的伟大抗震救灾精神。其次，在单位同事之间要互相尊重、理解、配合、和睦相处，遇到矛盾要从工作和集体利益出发，从团结的愿望出发，通过批评和自我批评，达到解决问题、化解矛盾的目的。上下级之间也要从集体利益出发，互相理解、信赖，做到下级服从上级，个人服从组织，全党服从中央；同时领导又要注意发扬民主作风，善于调动一切积极因素，带领群众为共同的事业而奋斗。再次，单位与单位、企业与企业之间也要和谐相处，互相支持和支援，从国家的利益出发协调各种矛盾和冲突，力争实现双赢。只有这样，才能建立起符合职业道德规范的良好的职业关系。

第三节　职业道德与其他道德规范的关系

本节从职业道德与社会公德、家庭美德的关系入手，了解它们的相互联系。同时还详细介绍了职业道德与法律规范的关系，以帮助读者更好地掌握职业道德的特点。

人类的社会生活包括了公共生活、职业劳动生活与家庭生活这三大领域。为了调节人们在各个生活领域中的利益关系，除了国家制定并认可的法律规范之外，还产生了这三大领域的道德规范。与此相对应，社会主义道德也包含了社会公德、职业道德、家庭美德。贯彻在我国各个社会生活领域的道德原则是共同的，而各个领域中的道德规范与特征、作用又各有不同。

一、职业道德与社会公德

1. 社会公德的含义及一般特点

社会公德是全体公民在社会交往和公共生活中应该遵循的行为准则，涵盖了人与人、人与社会、人与自然之间的关系。换句话说，社会公德是建立在社会公共生活基础之上的、人人必须共同遵守的、最起码和最平常的公共生活准则。正如《公民道德建设实施纲要》所提出的：当前和今后一个时期要“在全社会大力倡导‘爱国守法、明礼诚信、团结友善、勤俭自强、敬业奉献’的基本道德规范，努力提高公民道德素质，促进人的全面发展，培养一代又一代有理想、有道德、有文化、有纪律的社会主义公民”。

社会公德及其规范的特点反映在以下三个方面。

一是范围的广泛性。这是由人们公共生活的广泛性所决定的。可以说，每一个公民一出家门就进入了社会公共生活，比如乘车、购物、上影剧院、上公园、到职业劳动场所等，人们的言谈举止都与社会公德规范相关。

二是具体行为的细微性。社会公德所规范的是公民在公共生活场所和社会交往中的具体行为，一个微笑、一次点头示意、让一次座位或搀扶一次老人或儿童，使用共享自行车后将其自觉停放在指定地点，不乱停乱放等都展现着公民的秩序意识、道德品质和道德风貌。

三是行为的外在礼仪性。公共生活中绝大多数场合是与人交往，讲究的是人际交往的礼仪性。人们要在语言谈吐、衣着服饰、体态仪容、活动秩序等诸多方面，遵守社交场合约定俗成的规矩，做到文明礼貌、尊重他人、自尊自重和举止得体。

2. 社会公德的主要规范

社会公德的主要规范是：文明礼貌、助人为乐、爱护公物、保护环境、遵纪守法。

（1）文明礼貌。它要求人们做到对人礼貌、谈吐文雅和讲究卫生。对人礼貌，如：主动打招呼、问好、微笑示意；行走或排队时礼让老人、妇女和儿童；交往时动作和神情应合乎自己的社会身份，自爱自重，同时又不慢怠他人；善意处理他人的失态或轻微的礼仪过失等。谈吐文雅，要求在社交语言中准确、干净、简明、和颜悦色地表达自己尊重他人的真情实感。温和而亲切的语言，使人相处愉快和增进理解，召唤起友好合作的情感；轻慢而又粗野的话语，使人伤心与反感；而出口成“脏”，说话下流或恶语伤人，是流氓习气的表现。文明健康的语言是人有教养的表现，要努力追求和达到“语言美”的境界。讲究卫生，如不随地吐痰，不乱扔纸屑、杂物，穿戴干净等。

（2）助人为乐。它要求人们在社会公共生活中，满怀爱心地去帮助他人，特别是要关心和爱护儿童、妇女、老人和残疾人。在日常生活中像雷锋那样“对同志像春天般的温暖”，要事事、处处为他人着想，特别是当他人遭遇危难和不幸时，能救人之急难，帮人之所需，减轻不幸事件造成的危害。2004 年 12 月 26 日，东南亚地区的海啸给印度尼西亚、泰国等多个国家造成严重的灾难，2008 年 5 月 12 日，我国四川汶川发生 8.0 级大地震，我国广大干部和人民群众慷慨解囊，无私援助受灾人民，就充分体现了助人为乐的精神。还有，在发现损害人民利益的不良行为或坏人坏事时挺身而出，援救受害者，打击坏人，这也是助人为乐的应有之义。

（3）爱护公物。公共财物是社会主义事业的“家底”，是广大人民群众共同创造的物质财富，是满足人民群众公众福利事业不可或缺的物质设施。因此，爱护公物，就是爱护社会主义事业，爱护和尊重他人的劳动成果的具体体现。

（4）保护环境。它要求人们有强烈的环境保护意识，珍惜为人类生活提供必要条件的山川河流、森林草原、绿地湿地和野生动植物等大自然的赐予，防止各种工业废物与生活垃圾对水源、空气的污染，在自己家庭生活和公共生活过程中，遵守环境保护的各种法规制度，不图自己方便而造成环境污染。正如党的十九大指出的：“人与自然是生命共同体，人类必须尊重自然、顺应自然、保护自然。”保护环境，“还自然以宁静、和谐、美丽”也是贯彻落实中共中央提出的“创新、协调、绿色、开放、共享的发展理念”的具体体现。

（5）遵纪守法。它要求我们在社会公共生活的各种场所和环境中都要有法制观念，遵守国家的相关法律法规和各种规章制度与劳动纪律，同时还要遵守公共生活秩序。

3. 社会公德与职业道德的关系

（1）两种道德规范产生的生活领域不同，因而调节人们的利益关系的范围也不同，但它们又是互相影响、互相渗透的。虽然社会公德在人们社会公共生活领域中适用，但是待人接物的文明礼貌、助人为乐、爱护公物与保护环境、遵纪守法等社会公德规范要求在职业活动中也同样适用，而遵守职业纪律这个规范要求比公共道德规范严格得多。

（2）两种道德规范的社会作用是互为基础、互相促进的。社会公德的良好环境和正面效果为职业劳动者从事职业活动提供基础条件，能使人心情愉快地进入劳动场所，开展职业活动；良好的职业道德水平，又能促使公共生活中人们的利益关系得到良好的调节和处理，促进和推动社会公德——社会风尚的好转。

（3）两种道德规范都能在维护群众利益、保持社会稳定方面发挥更大的作用，都是公民个人道德修养和社会文明程度的重要标志。对于公民个人来说，讲究社会公德和模范遵守职业道德规范是完全一致的。因为不能设想一个人社会公德表现得特别优秀，人人交口称誉，而职业道德风尚却很差；也不能设想一个社会公德很差的人，其职业道德却很好。这种一致性，如果能在绝大多数公民身上得到较为完满的体现，整个国家和社会的道德风尚、社会风气就会呈现出健康向上、和谐的新局面。

二、职业道德与家庭美德

家庭是一个民族和国家进行正常社会生活的最广大、最基础的“社会细胞”；在家庭中，长幼的亲情、夫妻的爱情与邻里的友情伴随着人的一生。为了协调家庭内部、家庭与家庭、家庭与集体、家庭与国家之间的关系，调节人们家庭生活，家庭道德规范——家庭美德是不可缺少的。习总书记在 2016 年 12 月 12 日《在会见第一届全国文明家庭代表时的讲话》中指出：“中华民族历来重视家庭。正所谓‘天下之本在家’。尊老爱幼、妻贤夫安，母慈子孝、兄友弟恭，耕读传家、勤俭持家，知书达礼、遵纪守法，家和万事兴等中华民族传统家庭美德，铭记在中国人的心灵中，融入中国人的血脉中，是支撑中华民族生生不息、薪火相传的重要精神力量，是家庭文明建设的宝贵精神财富。”习总书记还进一步强调：希望大家重视家庭、重视家教、重视家风，“推动形成爱国爱家、相亲相爱、向上向善、共建共享的社会主义家庭文明新风尚”。

1. 家庭美德的含义及一般特点

家庭美德是每个公民在家庭生活中应该遵循的准则，包括了如何处理夫妻、长幼、邻里之间关系的道德规范。家庭是人们在社会生活中的最基本、最基层的单位，它与社会生活（社会公共生活与职业劳动生活，国家和民族的政治、经济、文化、科技生活）有着密切的联系，因此，在全社会倡导培养和形成家庭美德，鼓励每个公民在家庭里做一个好成员，具有特别重要的社会意义。

家庭美德的特点体现在以下三个方面。

一是情感性强。家庭是以婚姻为基础，以血缘关系为主要特征的社会生活基本单位。“血浓于水”，亲情崇高，家庭成员的所有利益都是建立在血缘亲情基础之上的。收养或扶养的关系中虽无血缘但亲情是深厚的。因此，家庭美德规范在调节夫妻、父母子女、兄弟姊妹及其他成员的关系时，都带着十分强烈的情感色彩。

二是适用范围与对象的特殊性。家庭美德适用于家庭成员内部的关系调节，其调节对象也只限于家庭成员。但是，其他公民却可以对家庭成员的道德品质或行为进行褒贬评价，帮助家庭成员形成家庭美德。

三是约束和规范方式的特殊性。家庭美德规范把道德义务、社会责任和家庭成员亲情紧密地融为一体，约束和规范需要三者统一。家庭美德的规范力量和实践效果，仍然以每个家庭成员的思想素质、道德教养为基础。因此，家庭美德的实践仍然需要社会教育来帮助和推动，使那些只顾个人利益，不顾成员亲情、不顾道德要求的人受到谴责和纠正。

2. 家庭美德的主要规范

家庭美德的主要规范是尊老爱幼、男女平等、夫妻和睦、勤俭持家、邻里团结。

3. 家庭美德与职业道德的关系

（1）它们是互相影响、互为促进的。尽管它们在调节人们利益时有时间、空间（地点）的不同和具体规范内容上的差异，但家庭美德对职业道德具有很大的推动作用。一方面是因为人在家庭生活的时间很长，从事职业劳动之前和退休以后，绝大多数时间是在家庭亲人中间生活，家庭美德为职业道德的培养打下了基础；另一方面是两种道德都以社会主义人道主义为基础，在规范内容上有一些交叉和渗透，职业道德素养又反过来推动着人的家庭美德的完善。

（2）它们是检验个人品德的两把尺子。在人生历程中，职业劳动和家庭生活的时间最长、地位最重要，因此，它们一起成为衡量每个人的道德品质是否高尚、人的社会价值实现程度的主要标准。

（3）就道德风貌表现水平和道德教养程度来讲，家庭美德与职业道德在形成人的道德品质方面是融为一体的。也就是说，一个人在处理家庭成员间利益问题时有道德水平，他在职业岗位上也一定会有良好的职业道德，反过来说也是一样的。

三、职业道德与个人品德

1. 个人品德的含义与特点

个人品德即个人的道德品质。它的特点是个人在道德行为中所表现出来的较为稳定的道德（善或恶）品质特征，是一定社会的道德原则和规范在个人意识和行为中的体现，因而是个人道德面貌的标志。

2. 个人品德的主要内容

个人品德主要由道德认识、道德知识、道德观念、道德情感、道德意志、道德信念、道德行为、道德修养等因素构成。它的具体内容具有时代性和阶级性。在社会主义时期，体现无产阶级根本要求的是社会主义道德品质，主要内容是忠于社会主义事业，全心全意为人民服务，公而忘私，爱祖国，爱人民，爱社会主义，爱劳动，爱科学，坚定，正直，诚实，勇敢，谦虚，作风正派，情操高尚，廉洁自律，等等。个人的道德品质包含了社会公德、职业道德、家庭美德的总和。

个人道德情感的培养是个人品德修养的重要内容。指人们依据一定的道德标准，对现实的道德关系和自己或他人的道德行为等产生的爱憎好恶等心理体验。个人道德情感培养的任务，一方面是形成和增强同所获得的道德认识相一致的道德情感；另一方面是改变那种与应有道德认识相抵触的道德情感。例如，培养爱心，包括爱祖国，爱人民，爱劳动，对事业和职业的热爱，对服务对象的用心关爱，由此产生了个人的荣誉感；培养憎恶之心，对背叛、违法、违纪、违规、违反道德规范的行为有憎恶之心，由此产生了道德敬畏感、耻辱感、害羞感、惭愧感。由于有了这些荣辱观、善恶观的道德情绪、情感体验，才会在道德行为中产生慎独、自律。

孔子提倡仁爱之心，要讲仁政，作为人要有爱心，要爱人，这个爱人就是要求每个人都有爱心，这种爱人、爱心教育就是情感教育，孔子提出的“仁爱”观是当时社会道德教育的价值观。当今社会主义社会道德情感教育，无论是社会公德、职业道德、家庭美德还是个人品德都占据了很重要的位置，因此要高度重视在个人道德修养过程中的道德情感的培养。

3. 职业道德与个人品德的关系

（1）个人品德包含了个人的职业道德内容，二者是包含和被包含的关系。个人品德要通过职业道德行为来体现。个人品德的形成离不开人的社会生活实践，人在社会、在职场、在家庭的道德行为所表现的社会公德、职业道德、家庭美德都能体现出个人的品德。例如在职场中艰苦奋斗、清正廉洁、作风正派，也反映了个人品德的高尚；相反，那些在职场上搞腐败的人，也反映了其个人品质的恶劣。

（2）职业道德的提升要通过个人品德的修养来实现。只有把每个人的品德都培养好、修养好，职场中良好的职业道德才能形成和实现。

总而言之，职业道德与个人品德是互相影响、互相促进的正相关关系。

四、职业道德与法律

1. 法律的含义及一般特点

同道德规范一样，法律也是一种对人们社会生活行为的规范。它是由国家制定或认可的、体现统治阶级意志并以国家强制力量来保证实施的、要求全社会所有成员共同遵守的行为规则（规范）的总和。由它的含义可以看出，法律具有下面四个主要特征：

第一，制定法律的机关的最高权威性。同其他政治社团的章程、企事业的规章制度不同，所有的法律都是由国家政权的最高机关来制定的。在我国，是在中国共产党的领导下由全国人民代表大会及其常务委员会制定。参与国际活动时，国际通行的法律法规也必须经全国人民代表大会及其常务委员会讨论认可后才能在我国实施。

第二，任何时代、任何国家的法律总是体现统治阶级的意志的。在我国，所有的法律法规总是代表广大劳动群众和其他爱国者的根本利益的，表现为维护人民群众利益的最高意志。国家运用和实施法律，对那些反对社会主义制度的各种敌对势力的破坏捣乱、社会成员的刑事犯罪和涉及民事利益的冲突纠纷等社会行为，或实行镇压和专政，或依法进行调解判决，以此来最大限度地保护广大人民群众。

第三，法律的实施保证，靠国家的强制力量——公安、检察机关、法院、军队、警察、监狱等专政手段和工具。这是与其他规范相区别的最重要的本质特征。

第四，法律的约束性是最广泛、最普遍的，要求全社会所有成员一律遵守、一律执行，遵守法律是人人应该做到的，任何人违法或犯罪，都应受到法律的制裁。

2. 职业道德与法律的关系

（1）职业道德与法律紧密联系。这种联系表现在：它们都体现和代表着人民群众的观点、利益与意志；都为社会主义国家的经济基础和上层建筑服务，起到巩固社会主义制度的作用；都具有规范社会行为、调节社会关系、维护社会秩序的作用，在国家治理中都有其地位和功能；在内容上有一些是互相贯通的，即凡是社会成员的行为违反法律的，也必然是违反职业道德的。

两者的联系还表现在，法治和德治（含职业道德）互为支撑。德治是法律的基础，法治是道德的保障。法律通过强制力来强化道德作用，确保道德底线，对道德起到促进作用，是道德的支撑。习总书记指出："发挥好法律的规范作用，必须以法治体现道德理念、强化法律对道德建设的促进作用。一方面，道德是法律的基础，只有那些合乎道德、具有深厚道德基础的法律才能为更多人所自觉遵行。另一方面，法律是道德的保障，可以通过强制性规范人们行为、惩罚违法行为来引领道德风尚。要注意把一些基本道德规范转化为法律规范，使法律法规更多体现道德理念和人文关怀，通过法律的强制力来强化道德作用、确保道德底线，推动全社会道德素质提升。"道德是法治的支撑、是法律的基础还表现在，道德有很强的教化作用，道德可以滋养法律精神，道德可以转化为每一个人的内心自觉。习总书记还指出："发挥好道德的教化作用，必须以道德滋养法治精神、强化道德对法治文化的支撑作用。再多再好的法律，必须转化为人们内心自觉才能真正为人们所遵行。'不知耻者，无所不为。'没有道德滋养，法治文化就缺乏源头活水，法律实施就缺乏坚实社会基础。"因此，职业道德与法律在社会作用方面是紧密联系的。

（2）在治理国家方面，"依法治国"与"以德治国"是紧密结合的。法治与德治，从来都是相辅相成、相互促进的，法治离不开德治，德治离不开法治。习总书记指出："法律是成文的道德，道德是内心的法律，法律和道德都具有规范社会行为、维护社会秩序的作用。治理国家、治理社会必须一手抓法治、一手抓德治，既重视发挥法律的规范作用，又重视发挥道德的教化作用，实现法律和道德相辅相成、法治和道德相得益彰。"

（3）职业道德与法律的区别。这种区别表现在四个方面。一是职业道德几乎与人类社会一起产生（在原始社会就有萌芽），法律却是阶级社会的产物；将来阶级和国家消亡了，法律也将随之消亡，但道德和职业道德却依然存在，并更能起到极大的社会作用。二是调整范围不同，法律制约的社会成员的行为是"合法与违法""罪与非罪"的问题；职业道德约束从业人员的行为，却是“是非”“善恶”界限中的“应当”“正当”和“失当”等不同道德层面的问题。三是实施方法不同，法律依靠国家强制力量即“他律”来实施；职业道德只能依据从业人员的道德情感、道德信念和道德舆论及道德评价即“自律”来约束与实施。法律在约束人们的行为时，它的内容表达与文字表述是非常肯定、明确并有严格界限的，依法制裁的办法也是十分明确和严格的；而职业道德的许多规范内容，除“职业纪律”中的生产操作规程比较严格以外，其他规范内容表述都比较宽泛，定性的外延也不是十分严密和准确，也就是说，职业道德规范的宽容度是比较大的。四是职业道德注重事前对人们进行教育，培养职业良心和优良的职业道德品质，因此具有预防性，而法律却更加注重事后的判决和惩戒性。

◎ 思考与练习

1. 为什么要学习职业道德？
2. 什么是职业道德？
3. 什么是职业道德的核心和原则？
4. 浅谈在工作中怎样做到为人民服务。
5. 职业道德有哪些特征？
6. 职业道德的社会功能是什么？
7. 职业道德与社会公德的关系是什么？
8. 职业道德与家庭美德的关系是什么？
9. 职业道德与法律法规的关系是什么？

第二章

职业道德的主要范畴

谈到职业道德，必然涉及职业义务、职业权力、职业责任、职业纪律、职业良心、职业荣誉、职业幸福和职业理想等重要问题，这些问题都是职业道德在职业活动中不同方面、不同层次的反映和折射。它们是反映和概括职业道德特性、本质关系的基本概念，因此也是职业道德的主要范畴。学习、理解和掌握这些范畴，有利于从业人员将职业道德信念转化为职业道德实践，进而形成职业道德品质。

第一节　职业义务

一、职业义务的含义

义务有三层含义：一是指公民或法人按照法律规定应尽的责任；二是指在道德方面应尽的责任；三是指不要报酬的奉献。作为与职业道德范畴相关的义务的含义，主要是指在职业活动中，在道德上应尽的责任和不要报酬的奉献。由于义务使人与人之间、人与社会之间有各种各样的密切关系，因此，可以说只要有人群存在，就必然要求人们承担一定的义务。职业义务就是人们所承担的各种义务中的一种。

既然职业义务是指从业人员在职业活动中对他人、对社会应尽的责任和不要报酬的奉献，也就可以说，它是一定社会、一定阶级、一定职业对从业人员在职业活动中提出的道德要求，又是从业人员对他人、对社会应该承担的道德责任。例如，“救死扶伤，实行革命的人道主义”，在社会主义社会里，既是医疗职业对医生提出的职业道德要求，又是医生对病人应承担的道德责任。又如，“文明经商，诚信无欺”，既是商业行业对推销员提出的职业道德要求，又是推销员对社会应尽的道德责任。由此可见，职业义务这两方面的内容相互联系、密不可分，它蕴含着特定职业对从业人员的道德要求和该职业的从业人员对职业义务的理解与体验。

职业义务可分为对他人的职业义务和对社会的职业义务两类。产生于亲友、同事、同行职业关系中个人之间的职业义务，是个人对他人应尽的职业义务；产生于个人与阶级、政党、民族、国家等关系中的职业义务，是个人对社会应尽的职业义务。

二、职业义务的特点

职业义务具有利他性和无偿性两个基本特点。

职业义务的利他性是指从业人员在尽职业义务时，实际上做出了有利于他人、有利于社会的行为，这种行为的客观效果是对他人有利，而不是对自己有利，甚至有时还要做出某种程度上的自我牺牲。比如司机在履行“安全行驶”的义务时，就要全神贯注而无暇观赏沿途的风光；交警在履行“站岗执勤”的义务时，就要经受严冬酷暑的考验；医生在尽“救死扶伤”的义务时，可能在手术台上一站就是一整天；教师在尽“教书育人”的义务时，像蜡烛照亮了别人，却“燃烧”了自己。

职业义务的无偿性是指从业人员在履行职业义务时，不把谋求个人权利和回报与履行职业义务相联系或相对应。也就是说，它是一种“不要报酬”的奉献。职业义务与政治义务、法律义务、教育义务的特点不同，履行政治义务、法律义务、教育义务，总与享受相应的权利相联系并有一定的强制性。比如国家安全工作人员要履行“保守国家机密”的义务，共产党员要履行“执行党的决定，服从组织分配”的义务，还有义务兵役、义务教育等都带有一定的强制性（不履行不行），但在履行这些义务的同时也一定会享有相应的权利。而职业义务的特点是在履行义务时不以获得某种相应的权利、报偿为前提，从业人员是在自觉自愿地做对他人、对集体、对社会、对国家有益的事情，把所做的一切都看成是分内之事、应做之事。由于履行职业义务不包括个人的企图、打算和回报，人们履行职业义务往往就意味着要做出或多或少或大或小的牺牲。当然，从业人员很好地履行职业义务之后，可能会得到他人和社会的好评，获得某种权利（如被评为劳动模范后享受相应的政治待遇和物质待遇），甚至获得丰厚的物质奖赏（奖金、住房、汽车等），但这些只能看成是他人和社会对从业人员履行职业义务所产生的社会价值的一种奖赏，却万万不能作为职业义务的动机和目的。

三、履行职业义务的要求

履行职业义务是每个从业人员义不容辞的责任，忽视或逃避职业义务都是违反职业道德的行为，因此从业人员在履行自己的职业义务时，应从以下三个方面努力。

第一，努力培养自己的职业义务感。职业义务感是从业人员在认识和理解了自己所从事的职业的作用、目的和意义后，自觉建立起来的职业使命、职业信念和责任感的综合心态。有了这种自觉意识的综合心态，就能把职业义务的客观要求变成从业人员的内在需求，把尽职业义务看成分内之事、应尽的职责，履行了职业义务就感到心情舒畅、精神愉快，不履行职业义务就会感到内心不安、自疚难受。就像马克思所说的那样：“如果你不给自己指定某种使命、某种任务，你就不能生活，不能吃饭，不能睡觉，不能走动，不能做任何事情。”（《马克思恩格斯全集》）所以，要履行职业义务，首先就要求努力培养自己的职业义务感，提高履行职业义务的自觉意识。

第二，自觉地主动地履行职业义务。从某种意义上讲，职业义务是职业岗位对从业人员提出的一种客观要求。也就是说，每个职业岗位对从业人员提出的职业义务要求是不以人的主观意志为转移的，不因为从业人员的性格、兴趣、愿望、要求不同而改变。因此，与其被动适应职业要求，勉强履行职业义务，还不如自觉、主动地履行职业义务，以主人翁的态度对待自己的职业，热爱自己的岗位，搞好自己的工作，在自己的职业岗位上充分发挥主观能动性、积极性和创造性，使自己的言行符合社会主义道德原则和道德规范的要求。

第三，全心全意为人民服务。职业义务的无偿性即从业人员“不要报酬的奉献”这一特点与全心全意为人民服务的宗旨是一致的。在尽职业义务时，要一切从人民的利益出发，为集体、为社会、为国家和人民的利益忘我地工作，不计报酬，甘于奉献。这种奉献意味着在尽职业义务时要做出自我牺牲。这种牺牲有时包括荣誉、地位、金钱、时间、健康，甚至生命。对于一个职业道德高尚的人，是应该做到，也是能够做到这一点的。

四、举例——职业技能鉴定考评员的职业义务

职业技能鉴定考评员在实施考评过程中履行的职业义务：一是自觉遵守有关规章制度和考评人员的守则，认真履行考评员的职责；二是客观公正地实施鉴定考评，保质保量地完成鉴定考评任务；三是自觉维护考评现场秩序，及时处理违纪问题，并将处理结果上报鉴定部门；四是接受职业技能鉴定督导部门和纪律监察部门的监督。

考评员履行职业义务时要做到：首先，要努力培养自己尽职业义务的使命感。考评员要充分认识职业技能鉴定工作的重要性，它是促进就业，提高广大劳动者素质和培养技能人才、高技能人才的重要手段，只有充分理解了自己所从事的工作的重要作用、目的和意义后，才能建立起职业使命、职业信念和责任感，只有把职业义务的客观要求变成自己的内在需求，才能尽职尽责地把自己所从事的职业技能鉴定考评工作做好。其次，在履行职业义务时，考评员要以主人翁的态度对待自己的职业，热爱自己的岗位，自觉主动地做好自己的工作，在工作岗位上充分发挥自己的主观能动性、积极性和创造性，使自己的言行符合社会主义道德原则和道德规范的要求。最后，在坚持全心全意为人民服务方面，考评员应当全心全意地服务于自己的鉴定对象，严格考核，注重质量，为参加职业技能鉴定考核的人员提供优质的服务。

第二节　职业权力

一、职业权力的含义

权力的含义有两层。一是指在政治方面的强制力量，比如说国家的权力、人民代表大会的权力、企业法人的权力等。二是指在职责范围内的支配力量。任何人的工作都有自己的职责范围，在其范围内都有按有关规定支配一定人、财、物的力量。因此，可以说，权

力是指一个组织或一个人在政治上具有的强制力量和在职责范围内具有的支配力量。

职业权力是指从业人员在自己的职业范围内或职业活动中拥有的支配人、财、物的力量。比如说一个厂长，他可以在全厂按规定使用、管理职工，或变动其工作岗位，对工资、奖金、报销有财权，对原材料设备等采购、进出有调动权。这种对全厂人、财、物的支配权，是厂长这个职业岗位的职责赋予他的权力。职业权力不只是有领导权的人才有，而是有职业的从业人员，哪怕是最基层最普通的人员，都有相应的职业权力。例如，交通警察在交通岗位，有指挥来往车辆行驶与否的权力，有对违反交通规则的驾驶员进行罚款、没收驾照、给予相应处罚等权力；仓库保管员有进出原材料的权力；电工有到各岗位进行安全用电检查和设备维护、维修的权力等。

每个从业人员都有相应的职业权力，如何使自己手中的职业权力为广大人民群众服务，如何使用职业权力才算符合职业道德原则和职业道德规范的要求，这是市场经济条件下职业道德建设面临的重要课题。

二、职业权力的特点

职业权力有诸多特点，与职业道德建设关系密切的特点主要是职业权力的权威性、利己性和隐蔽性。

1. 职业权力的权威性

它是指职业权力在职业活动中对他人、对其他行业有很强的约束力量和支配力量。比如电力行业对所有其他行业就有独特的支配与控制力量。尤其是在电力紧张的季节，给哪个企业、哪个行业供多大的电量，供多长时间，电力部门处于主动支配地位，有时对一个企业是否供电可能成为该企业生死存亡的决定因素；像邮电、铁路、民航等垄断行业的职业权力就更大。职业权力使用不当，就可能出现“电霸”“路霸”等行业不正之风。

2. 职业权力的利己性

它是指职业权力可以给自己带来利益和好处。它不像职业义务那样由从业人员做出某种牺牲，为他人为社会谋利益。相对于职业义务的利他性，职业权力具有利己性。这种特点如失去有效的监督就会给以权谋私留下空间和机会。比如，一度有的银行、储蓄所，对内部职工实行高额利息储蓄，非法获取暴利；有的通信部门，对其职工免费发放通信工具，不交话费或象征性交点话费；交通行业中有的单位利用职权办特殊牌照，装特殊灯具或不交过路过桥费等。除了行业和单位，职业道德低下的从业人员有时也利用权力牟取私利。比如材料保管员，可以将公物私下取走当私物用；交通警察可能私收违章司机的罚款不出具票据；单位司机可能为私车加油而拿回单位报销等。

3. 职业权力的隐蔽性

它是指从业人员在行使职业权力时，有不易被人警觉的一面。职业权力这一特点，也同样给职业道德低下的人牟取私利创造了条件。比如，在办公室打私人电话，旁人还以为在联系工作；厨师把餐厅的食品带回家不容易被人发现；营销人员在外因私请客，可能理直气壮作为单位公关业务费用报销；单位司机出车办私事，人们还以为他在工作等。

三、正确行使职业权力的要求

权力与道德，本来是分别属于政治范畴和伦理意识范畴的两种概念，但它们却有着内在的重要联系。权力是由人掌握的，掌握权力的人一旦心不善、身不正、道德败坏，就会滥用权力，危害人民。如果掌握权力的人心善身正、用权于公、造福于民，就会政绩突出，赢得群众好评。因此，“官德”历来就是考核、选拔干部的首要标准，是干部道德修养的重要内容。

同样道理，职业权力是由从业人员来掌握和使用的。滥用职业权力，就会出现职业腐败、行风不正，导致世风日下，严重的会危及党和国家的生死存亡。因此，正确使用职业权力，不仅是职业纪律的要求，也是职业道德建设在市场经济中面临的一个新的课题。要正确行使职业权力就要做到：

1. 树立正确的职业权力观

由于职业权力具有利己性和隐蔽性特点，如果不树立正确的职业权力观，利用职业权力为自己牟取私利就变得非常容易。因此，树立正确的职业权力观是正确使用职业权力应首先解决的问题。职业权力表面上看是职业本身赋予从业人员的一种权力，但实质上是社会职业分工分配的某个职业、行业的一种权力，理应把这种权力用于工作，用于事业，用于为社会服务、为多数人谋利益，而不能把它作为个人、单位或行业牟取私利的特权工具。职业权力来源于职业本身，应当用之于职业发展；来源于人民授予的权力，应当服务于人民事业；来源于社会分工职能，应当谋利于社会公益。这是每个从业人员应当树立的正确的职业权力观。

2. 正确使用手中的职业权力

任何个人（从业人员）、单位、行业都有相应的职业权力，应按职业道德要求，使用好手中的权力。作为从业者个人，首先要把职业权力用来干好本职工作，履行好职业义务，不该得的不得，不该拿的不拿，绝不能以权谋私、损公肥私、化公为私；作为一个单位，要把职业权力用来保证产品的质量，维护企业的形象，配合有关单位做好相关的工作，发挥一个单位在社会和国家建设中应有的作用，而不能把职业权力用来作为制约兄弟单位的工具、诋毁同行的武器、挖国家墙脚的手段。不难想象，在同一城市，如果供电部门对水厂停电，水厂就对供电部门断水；医生对学校教职工求医态度不好，学校就对医院的子女读书不负责任……如此下去将会是一种什么状况呢？作为一个行业，其职业权力的运用是关系到国计民生的大事，而行业腐败和行业不正之风的盛行，恰恰就是滥用行业职业权力和特权给社会、国家、人民造成了危害。“冷、硬、拖、抵、推”的工作态度，“门难进、口难开、脸难看、事难办、理难辩”的衙门作风，干哪行吃哪行带来的“吃、喝、卡、拿、要”的工作行为等负面现象，都是滥用职业权力导致的行业不正之风。我们应齐心协力，下决心予以根除。

3. 敢于抵制滥用职业权力的不正之风

滥用职业权力的某些人、某些单位、某些行业，往往是“你给我提供方便，我就给你打开绿灯”。因此，在职业权力的使用中，应建立一种互相监督、互相制约的机制。在这种机制中，不仅要严于律己，而且还要敢于抵制歪风邪气。正如习总书记在《把权力关进制度的笼子里》指出的那样“要加强对权力运行的制约和监督，把权力关进制度的笼子里，形成不敢腐的惩戒机制、不能腐的防范机制、不易腐的保障机制”。

四、举例——职业技能鉴定考评员的职业权力

职业技能鉴定考评员的职业权力包括：一是有在考评规定的职权范围内实施考评活动的权力；二是有在考评规定的职权范围内对考评现场的违纪行为做出处置的权力，对鉴定对象的违纪行为进行严肃处理，视其情节轻重分别给予劝告、警告、终止考试和宣布成绩无效等处理，并将处理结果如实填写和上报；三是有独立进行考评，并拒绝任何单位或个人提出更改鉴定结果的非正当要求的权力；四是考评员的权益受到侵害时，有向上级鉴定机构提出申诉的权力。

考评员正确行使自己职业权力时要做到以下三点：一是要树立正确的职业权力观。由于职业权力具有利己性和隐蔽性的特点，如果不树立正确的职业权力观，利用职业权力为自己牟取私利就变得非常容易。职业权力是社会分工造成的，是人民赋予的，因此应该服务于人民，考评员的职业权力应该服务于职业技能鉴定事业。二是正确使用手中的职业权力。作为考评员首先要尽自己的职业义务，在行使职业权力时要努力做到公平、公正，光明正大，没有私心，不厚此薄彼。三是敢于抵制滥用职业权力的不正之风。考评员具有评判受鉴定者分数的权力，同时也有拒绝任何人授意更改分数的权力，因此，在行使自己职业权力的时候，要敢于抵制不正之风，敢于拒绝来自各方提出更改分数的滥用职业权力的要求，确保职业技能鉴定结果的客观公正性。

第三节　职业责任

一、职业责任的含义

社会把职业分成了若干种类，每个从业人员都在一定的职业岗位上从事某一项具体工作，通过自己的辛勤劳动为他人或其他职业服务，为社会创造财富。按照职业道德原则和规范要求，每个职业岗位的从业人员，又都对他人或其他职业或社会承担着一定的责任，这种与职业岗位有关的责任，就是职业责任。换句话说，所谓职业责任，就是指从事某种职业的个人，对他人、集体（班组、部门、单位、行业）和社会所应承担的责任。职业责任是社会义务、使命、任务的具体体现。由于职业分工不同，职业特点不同，职业的作用不同，从业人员承担的职业责任也就有所不同。如工人、农民、教师、医生，这些职业由于在社会分工中所起的作用不同，职业特点不同，完成的任务不同，服务的对象不同，其职业责任也就不一样。总之，各行各业、各个单位所有在职人员都有自己的职业责任。社

会上有多少种职业，就有多少种职业责任。劳动者从事某种职业，就必然要在相应的职业环境中担负起一定的职业责任，而这种职业责任，一般是用岗位职责、业务规范、规章制度、任务目标或行为公约等形式来表现的。例如：工人的职业责任主要是坚守生产岗位，维护生产秩序，学习科学文化，钻研业务技术，文明生产，保质保量完成生产任务，创造更多的物质财富；农民的职业责任主要是大力发展农业生产，精心务农，勤劳致富，运用现代科技从事农业生产，繁荣农村经济，为国家、社会、人民提供更好更多的粮食和农副产品；教师的职业责任主要是贯彻国家的教育方针和政策，热爱学生，献身党的教育事业，为人师表，教书育人，培养社会主义现代化建设所需要的人才；医生的职业责任主要是救死扶伤，对患者精心治疗，使之早日恢复健康，并通过自己的努力不断推进医疗事业向前发展；商业、服务行业从业人员的职业责任是保证供给，保证质量，诚信无欺，为生产服务，为人民生活服务，为社会发展服务等。

由上述可知，各行各业的职业责任各不相同，但忠于职守，尽心尽力，保质保量，按时完成党和国家、行业、单位交给自己的各项任务，都是共同的职业责任要求。达到了这些要求，就是具体地履行了自己的职业责任。

二、职业责任的特点

职业责任有差异性、独立性和强制性等特点。

1. 职业责任的差异性

它是指各个职业岗位的职责，因职业的不同而不同。各个职业岗位在制定其岗位职责（即职业责任）时，一般要明确规定本职业岗位完成工作任务的数量、质量、效益和时间要求等，由于不同职业岗位的性质、功能、业务规范、技术要求以及与其他职业岗位的相互关系千差万别，因此，其职业责任也就各不相同。

2. 职业责任的独立性

它是指各个职业岗位上的从业人员都有自己的职业责任。从业人员在履行本岗位职责时，有相对独立的权利，这种权利有时不容他人干预。技术性越强，排除干预的要求就越高。例如，外科医生动手术，要对病人的生命和健康负责，就必须排除他人的干扰，尤其是要排除外行的行政干扰。又如，为了保证职业技能鉴定的质量，原劳动部在《职业技能鉴定规定》（劳部发〔1993〕134号）中就授予了职业技能鉴定所（站）“享有独立进行职业技能鉴定的权力”，使其“有权拒绝任何组织或个人更改鉴定结果的非正当要求”。这种独立性工作权力，体现在职业技能鉴定所（站）负责人及考评员身上，就是一种职业责任，只有按有关要求独立履行了这种职业责任，才能保证职业技能鉴定工作的公平。

3. 职业责任的强制性

职业责任是通过制定具体业务规章制度、岗位职责、条例、公约、守则等形式表现的，因而带有一定的强制性。职业道德上一般存在的问题，只受舆论的谴责，良心的责备。例如有的餐馆把餐桌上的剩菜剩饭再卖给用餐者就要受到舆论的谴责。但是，如果因为工作责任心不强，失职、渎职、玩忽职守，给他人、集体、国家造成损失，就成了职业责任问题，就要受到一定的处罚，严重的可能要追究法律责任。如出现食物中毒事故，出现人为的交通事故，就要追究有关责任人的法律责任。

三、增强职业责任的要求

职业道德和职业责任在人们的职业生活中是相互联系、相互作用的，以什么样的思想、感情、态度、作风、行为来对待本职工作，既是职业责任的问题，也是职业道德的问题。事实证明：职业道德水平高的人，都具有强烈的职业责任感；反之，缺乏职业道德的人，必然是个缺乏职业责任的人。一个有职业道德的人，应从以下三个方面来增强职业责任。

1. 认真履行职业责任，做好本职工作

社会上的职业有成千上万种，无论是体力劳动还是脑力劳动，无论是简单工作还是复杂工作，无论是工业生产还是商业服务，都只有分工不同，工作地点不同，贡献大小不同，而没有高低贵贱之分。因此，不管从业者在哪一个行业，哪一个地方，哪一个职业岗位上工作，都一定要安心本职工作，以主人翁的态度对待本职工作，按岗位职责要求，尽心尽力完成本职任务，自觉按职业责任的要求行事，认真履行职业道德义务，做一个有职业责任感的人。

2. 熟悉业务，互相配合

从职业责任的差异性和独立性等特点可知：一方面，每个职业岗位的职业责任无不与本岗位的具体业务密切相关，不熟悉业务，不懂得本职范围内的专业技术，是难以履行职业责任的；另一方面，每个职业都与相关职业有一定联系，因此每个人的工作都与相关部门（岗位）的有关人员的工作有这样或那样的关系，在履行本岗位职责时，要考虑对相关岗位其他人员履行岗位职责的影响，也要对相关岗位人员帮助自己完成本岗位职责提出相应要求。因此，在履行职业责任时，与相关岗位工作人员要互相配合、互相支持。这既是工作的需要，也是职业道德的要求。

3. 正确处理个人、集体和国家之间的关系

正确处理个人、集体和国家三者之间的关系，这既是增强职业责任感的要求，也是职业道德的要求。在我们国家，个人利益、集体利益和国家利益是根本一致的。从业人员在通过自己的劳动为集体、为国家创造财富的同时，可以根据按劳分配与按生产要素分配的原则，获取自己合理的利益。有了集体利益和国家利益，也就有了个人利益。但是，由于职业不同，工作的岗位不同，工作的地区不同和工作单位的所有制不同，不同从业人员之间客观上存在一些利益差别，这些差别的存在，就会产生个人利益与集体利益和国家利益之间的矛盾。一个具有高尚职业道德的人，在三者发生矛盾的时候，就能把集体利益和国家利益放在第一位，把个人利益放在第二位，使个人利益服从集体利益和国家利益，在必要的时候牺牲个人利益。这种境界既是高尚职业道德的表现，也是强烈职业责任心的表现。

四、举例——职业技能鉴定考评员的职业责任

职业技能鉴定考评员的职业责任是：

（1）努力学习职业技能鉴定有关法律法规和政策，刻苦钻研职业技能鉴定理论和考评技术，不断提高政策水平和考评业务水平。

（2）在经审核批准规定的职业、等级和类别范围内对职业技能鉴定对象进行考核和评审工作，不得超规定范围考评。

（3）独立完成考评任务，认真履行考评职责，严格执行鉴定规程和考场规则。

（4）考评人员在执行鉴定任务时应佩戴考评人员证卡，严肃工作作风。

（5）应严格依照评分标准及要求评定考试成绩。

（6）忠于职守，公道正派，清正廉洁，坚决抵制来自任何方面的影响或改变正常考评结果的要求，自觉执行对其亲属、朋友和师生、师徒的回避制度。

（7）严格遵守职业技能鉴定工作的各项保密规定。

（8）自觉接受人力资源和社会保障行政部门以及职业技能鉴定指导中心的监督检查，接受职业技能鉴定质量督导人员的技术指导和监督。

考评员增强职业责任的要求是：一是充分理解自己所从事的职业技能鉴定工作职业责任的重要性。职业技能鉴定对人的职业能力进行科学、客观、公平、公正的评价，这对人才培养、为人力资源市场输送人才、为经济建设提供人才保障起着导向和促进作用。二是要认真履行职业责任，尽心尽力，忠于职守，保质保量地做好鉴定工作。三是要精通业务，互相配合。对本职业技能和考评方法要精通，做到评判公正，准确无误。在工作中，考评员要与管理人员、督导人员之间相互配合，把职业技能鉴定工作做好。

第四节　职业纪律

一、职业纪律的含义

要理解什么是职业纪律，首先必须明确纪律的含义是什么。人们常说，党有党纪，国有国法，家有家规，厂有厂律。“不以规矩，不能成方圆。”这种由党政机关、企事业单位等组织制定的规章制度，就是人们通常所说的纪律。制定纪律的目的，是维护集体和人民的共同利益，确保大家正常的工作秩序和生产秩序。纪律一经制定，就要求有关成员必须自觉遵守，否则，社会生活和职业行为的秩序就会发生混乱。不言而喻，遵守纪律是道德行为，不遵守纪律就是不道德的行为。

职业纪律是在特定的职业范围内从事某种职业的人们要共同遵守由单位或企业等制定的行为规章、条文准则。比如，在银行工作的职员，必须为存款人的姓名、地址、金额、密码保密，这就是对银行从业人员的职业纪律最基本的要求；在企业工作的职工，上班时

间不准干私活，不准拿公家的东西回家，不准迟到早退，这是企业对职工最基本的职业纪律要求。至于属于技术规程内的纪律，就更是必须遵守的职业纪律。为了维护正常的生活和工作秩序，确保安全生产，确保产品质量，各行业、各单位、各岗位都要制定自己的行为规则，这些行为规则，对本行业、本单位、本岗位的从业人员来说，都是职业纪律。职业纪律、法律和职业道德规范都约束和规范人们的职业行为。但三者又有区别，法律是由国家制定，并强制执行。纪律是政党、社团组织、机关单位、企业等制定，并有惩处措施，如记过、经济处罚、开除等，由制定单位执行，与此同时对从业者起到自我教育和自我约束的作用。职业道德规范是由党和政府制定并倡导，或由行业发起，其行为主要由从业者发自内心的自我约束或受到社会舆论的约束和群众的监督。

二、职业纪律的特点

职业纪律主要有一致性、特殊性和强制性的特点。

1. 职业纪律的一致性

它是指各行业的职业纪律其基本要求是一致的，这些基本一致的要求，主要反映在组织、劳动、财经和群众纪律等方面。

组织纪律是指各行业为了把从业人员组织起来，要求大家共同遵守的行为准则。在社会主义制度下，从业人员应遵守少数服从多数、个人服从组织、下级组织服从上级组织、全党服从中央的民主集中制原则。按这一原则要求，当个人意见与所在班组或集体多数人意见不一致时，个人服从多数人；个人意见与单位（组织）意见有分歧时，个人服从单位；班组意见与车间意见不同时，班组意见要服从车间意见；单位意见与上级意见不同时，单位意见要服从上级意见等。组织纪律本身有要求，每个从业人员不能闹个人意气，不能搞无政府主义和分散主义。

劳动纪律是指在劳动过程中，要求从业人员必须遵守的行为准则。例如，各行业、各单位、各岗位从业人员，上班不能迟到、早退、旷工，不能做与工作无关的其他事情；实行倒班制的职工要按要求进行交接班；任何从业人员都必须遵守各自的操作规程；相关岗位、部门之间必须按要求进行工作上的配合和支持等。这些都是各行业、各单位、各岗位在劳动纪律方面的共同要求，是职业纪律在劳动纪律方面的一致性体现，是所有从业人员应当遵守的基本行为准则。

财经纪律是指从业人员在职业活动中，与财物接触时应当遵守的行为准则。各行业的从业人员，不管是不是出纳、会计，也不管是不是有审批权的领导，在直接或间接地与金钱或物质打交道时，都应遵守财经纪律，一定要按章办事，不准利用职务之便，假公济私、损公肥私或化公为私。

群众纪律是指从业人员在对待群众利益方面应当遵守的行为准则。要求不论从事什么职业，都要从群众利益出发，对群众负责，全心全意为人民服务。要像“三大纪律，八项注意”要求的那样，不拿群众一针一线。在职业活动中，对待他人、对待群众要文明礼貌，诚信无欺，时时处处维护群众的利益。

2. 职业纪律的特殊性

职业纪律的一致性是对各行各业职业纪律的共同要求，是职业纪律在共性方面的体现。由于各种职业的特点不同，某一职业在职业纪律方面还有一些有别于其他职业的特殊要求，这些特殊要求，就是职业纪律的特殊性。比如，通信业的从业人员必须严格遵守有关保密规定，为此，要求不准偷听用户电话，不泄露用户电报内容，不私拆用户信件，不用普通邮件、公用电话办理机密事项等。又如，为了保证行程中的安全，不准飞行员酒后飞行；不准司机酒后开车，不许闯红灯，不准在开车时抽烟闲聊；在仓库、油库、酒厂工作的人员，严禁在禁区内使用烟火等。这些职业纪律都是维护国家、集体、个人利益的行为准则，要求有关从业人员在职业活动中必须遵守。

3. 职业纪律的强制性

它是指职业纪律以明文规定的守则、制度，用强制性手段让人们服从的特点。从业人员在职业活动中，不遵守职业纪律，就要根据情节的轻重、态度的好坏，给予行政上或经济上的制裁。比如乱闯红灯、逆向行驶、酒后开车的驾驶员，要受到罚款、扣分、吊销驾照等制裁。不按照技术规程操作，出现废品、次品，给单位造成经济损失的职工，就会受到经济处罚或行政处分，甚至被“炒鱿鱼”。可以说，职业纪律的强制性主要约束的是各行业中职业道德觉悟较低的从业人员。但是，对所有从业人员来讲，不管其主观认识程度如何，也不管其是否愿意，遵守职业纪律既是最起码的职业劳动准则，也是职业纪律强制性特点的必然要求。

三、遵守职业纪律的要求

职业纪律既是职业责任和职业道德的表现，又是职业责任和职业道德的保证。从某种意义上讲，职业道德就是职业纪律的一种形式，遵守职业纪律，是讲究职业道德的必然要求。一个职业道德水平高的人，必然会自觉遵守职业纪律；一个自觉遵守职业纪律的人，也必然是一个职业道德高尚的人。职业道德与职业纪律这种相互依存、密不可分的内在联系，不仅是从业人员在遵守职业纪律时要注意的，也是从业人员在职业道德修养时要引起重视的，应当把遵守职业纪律看成是一种职业道德义务，一种职业的责任，一种关爱他人、维护国家和人民公共利益的高尚行为。

邓小平同志指出：“我们这么大一个国家，怎样才能团结起来、组织起来呢？一靠理想，二靠纪律。”纪律是把全国人民团结起来，把国家组织起来完成社会主义大业的重要前提和保证。同样道理，职业纪律是把从业人员组织起来，形成统一意志和行动，搞好现代化建设的重要前提和保证。为了尽快步入全面小康社会，实现中华民族的伟大复兴，所有从业人员一定要遵守好职业纪律。要遵守好职业纪律，从业人员就必须从以下三个方面做起。

1. 熟知职业纪律，避免无知违纪

熟知职业纪律是遵守职业纪律的前提条件，也是对从业人员职业道德素质最基本的要求。在违反职业纪律的种种案例中，虽有一部分人是明知故犯的，但确实也有不少人

属于无知违纪的情况。因此，要求从业人员对本行业、本单位、本岗位有关的职业纪律要先熟知和理解。熟知，是弄清楚有哪些职业纪律，应当如何遵守这些职业纪律；理解，是要明白为什么要制定并遵守这些纪律，违反职业纪律将给个人、集体、社会、国家带来什么损失和危害，自己将受到怎样的惩处。只有这样，才能减少无知违反职业纪律的情况。

2. 严守职业纪律，不能明知故犯

所有从业人员都应切实按有关规定办事，按职业纪律的要求约束自己的职业行为，做严守职业纪律的模范。除了要严守组织纪律、劳动纪律、财经纪律和群众纪律外，还必须严格遵守操作规程和安全生产规程。如果冒险蛮干，随意违反操作规程和安全生产规程，就可能破坏正常的生产秩序。这样，轻者会给个人带来人身安全或生命危险（如驾驶员逆向行驶，电工违反带电作业规程，都可能危及个人安全和生命），严重的就可能给集体、国家和人民造成不可估量的损失和危害。

3. 自觉遵守职业纪律，养成严于律己的习惯

遵守职业纪律从“强制”到“自觉”，是一个质的飞跃，是从职业道德角度提出的更高层面的要求。按照这一要求，从业者面对职业纪律不是被动地适应，而是主动地遵守；不是被迫地服从，而是自觉地维护。通过长期不间断的主动遵守和自觉维护的过程，养成严于律己的习惯。在这一过程中，可能出现有时自觉、有时不自觉的情况，也可能出现有时主动按职业纪律要求办事、有时被迫服从的情况，但只要我们下定决心，一次、两次、多次地变被动为主动，变不自觉为自觉，一次、两次、多次地纠正哪怕是轻微的不守纪律的行为，持之以恒，坚持下去，就会养成自觉遵守职业纪律的好习惯，并从遵纪上的“习惯”变成“自然”。这样，遵守职业纪律就会成为职业生活不可或缺的组成部分，成为高尚职业道德的自觉行为。

四、举例——职业技能鉴定考评员职业纪律

职业技能鉴定考评员的职业纪律规定如下：

（1）不收受被鉴定者的贿赂。

（2）在实施考评时坚持实行对亲属、朋友、师生和师徒的回避制度。

（3）在考评过程中发现考生有作弊现象要敢于制止和纠正。

（4）在实施考评时，要准时到场，严格执行考试时间。

（5）在考评过程中坚持“标准”、坚持参照“答案”，坚决抵制各种外来权力干扰。

（6）在考场中要协助监考人员维持秩序，坚持劳动安全卫生，及时制止考生违反安全操作规程的不规范行为。

（7）评判准确无误，字迹工整，资料齐全，计算准确，坚持签字负责。

（8）遵守试题试卷的保密制度和评判结果的统一公布制度。

（9）佩戴证照，持证考评，服装整洁，态度严肃端庄。

职业技能鉴定考评员遵守职业纪律的要求：一是每一个考评员熟记职业纪律，避免无

知违纪；二是严守职业纪律，不能明知故犯；三是自觉遵守职业纪律，养成严于律己的习惯；四是要遵纪守法，坚持学习相关法律法规知识，不断增强自己的法纪观念。

第五节 职业良心

一、职业良心的含义

良心是与义务相联系的一个古老的道德范畴，它是人们对他人、对社会履行义务时表现出的一种情感。就内容而言，良心是各种道德观念和道德感情的总和，是人们把一定道德原则和规范转化为内心信念的结果。这种内心信念一旦形成，就能从内心深处判断善恶、正误与是非，并把它作为行动的指南，作为对他人、对社会履行义务和责任的动因。

职业良心，是指从业人员在履行职业义务的过程中所形成的职业责任感以及对自己职业行为的稳定的自我评价与自我调节的能力。职业良心有个体表现与群体表现两种形式。职业良心的个体表现是指从业人员在职业活动中对工作的负责精神、对他人的同情感、对社会的责任感、对自己职业行为的是非感和对错误行为的羞耻感。有时人们讲某某人有良心或没有良心，就是从良心的个体表现角度做出的评价。职业良心的群体表现，是指职业良心在某某单位、某某行业的整体表现。如一个单位、一个行业对他人、对社会的责任感、同情感、是非感、荣誉感等。如果一个单位、一个行业对他人对社会是负责的，在利益面前是顾全大局的，做到了先人后己，人们就会说这个单位、这个行业有良心；如果一个单位、一个行业风气不正，腐败盛行，损人利己，人们就会斥责这个单位、这个行业没有良心。

职业良心与职业义务相辅相成，互相促进。职业义务是他人和社会对从业人员提出的客观要求和愿望，为了满足人们的这些要求和愿望，必然要借助于职业良心这一内在驱动力，通过尽职业义务来实现。因此，职业义务迫使人们要讲良心；而职业良心又使职业义务的履行得到切实保证。这样，人们在职业良心促使下履行职业义务，在履行职业义务的过程中培养他人和社会期待的职业良心，以实现职业义务与职业良心互相促进的良性循环。

二、职业良心的特点

职业良心主要有时代性、内隐性和自育性的特点。

1. 职业良心的时代性

它指职业良心是与时代相联系的一种道德意识。职业良心是人们在职业生活中逐渐形成的。从原始社会开始至今，不同社会、不同时代，由于职业分工不同，统治阶级的意识不同，职业活动的方式不同，从业人员所受的教育程度不同，人们形成的职业良心也就不同。上述各种因素发生变化，职业良心也就随之发生变化。由于不同的时代对应不同的阶级，因此，职业良心的时代性特征，也可以说是职业良心的阶级性特征。当今，处在社会主义市场经济时代的从业人员，应树立全心全意为人民服务的道德意识，树立对他人、对社会、对国家负责的职业良心。

2. 职业良心的内隐性

职业良心是一种看不见、摸不着、不直接受外力约束的道德情感。例如，一个人在职业生活中，从良心角度看，他的动机是好的还是坏的，他的认识是正确的还是错误的，他为人处事是善意的还是恶意的，等等，都属于良心范围内的东西，如果他不通过某种形式表现出来，外人既看不见，也摸不着，只有他自己内心知道是怎么回事。即便是通过某种形式表现出来了，在一些复杂的情况下，也难以判断其良心存在与否、存在有多大。如有的人出发点是好的（动机善），却把事情办糟了（效果坏），我们就不能从不好的结果中推断其动机是坏的结论，也就是说，不能因为结果不好，就断言别人的良心不好。职业良心这种内隐性特点，一方面要求我们从良心角度自觉加强职业道德修养，另一方面也提示我们在对他人的职业良心进行评价时，不要主观臆断。

3. 职业良心的自育性

职业良心是在职业活动中，经过自我培养、自我教育形成的。职业良心是看不见、摸不着的意识活动，外力不能直接对其约束，只有靠树立正确的信仰，培养自己的仁爱之心，自觉参加道德实践来逐步形成。要培养正确的信念，就应认真学习科学的理论，树立正确的价值观、人生观和世界观；培养自己的仁爱之心，对他人、对社会尽职尽责，处处为他人和社会着想，事事以他人和社会的利益为重；自觉参与职业道德实践，养成在没有外力约束和无人监督的情况下也能履行职业义务、尽职业责任、守职业纪律的习惯。

三、培养职业良心的要求

培养职业良心，要贯穿于职业活动的全过程，即职业活动前要进行导向筛选，职业活动中要进行监督调节，职业活动后要进行总结评判。

1. 职业活动前要进行导向筛选

在职业活动前，应把职业行为的动机和即将采取的职业行为，放到职业良心的筛子中反复筛选，扪心自问。肯定符合职业道德要求的动机，选择符合职业道德规范的行为；否定或抑制不符合职业道德要求的动机，抛弃不符合职业道德规范的行为。通过这一筛选过程，从业者的职业行为就会有正确的导向，少走或不走弯路、错路。例如，面对掺假产品是否卖给消费者的问题，经过思想斗争和职业良心的筛选，就会认为，有卖出去的念头（其动机）是可恶的，是卑劣的，从而打消这种念头，选择不卖的行为。

2. 职业活动中要进行监督调节

由于职业行为往往受多种因素的影响，受多种情感、意志、信念的左右，因此在职业活动中，从业者的职业信念可能动摇，职业行为可能偏离已选择的正确轨道。这时，就要充分发挥职业良心的监督作用，重新确立职业信念，不断调整自己的职业行为，使其符合职业道德的要求。我们常常说的“良心发现”就是这种监督作用的具体表现。比如法官办案，可能因为强权的干预而动摇开始确立的秉公执法的信念，也可能因为亲朋好友的说情而偏离以事实为依据、以法律为准绳的原则。一个有良知的法官，通过职业良心的监督调节，就会回到忠于法律、秉公执法的正确轨道上来。职业良心是一面镜子，可以照射出职业信念和职业行为上的偏差失误；职业良心也是一种行为调节器，可以强化、激励符合职业道德的情感、信念和行为方式，否定、制止并纠正不符合职业道德的认识、情感和行为方式。

3. 职业活动后要进行总结评判

职业活动后，把自己的职业行为拿到良心的天平上进行衡量，拿到“道德的法庭”上进行审判。对于符合职业道德要求的行为加以肯定并发扬光大，对于不符合职业道德的行为坚决抛弃，对于偏离职业道德的行为予以纠正。这样，就会不断减少因违背良心而受到的谴责，减少内疚、惭愧或痛苦等负面体验，还会不断增加因“对得起良心”带来的满意、欣慰和自豪的情感体验。

总之，在职业活动中做到事前“扪心自问”，事中“良心发现”，事后“问心无愧”，既是讲职业良心应有的要求，也是培养职业良心的有效手段。

【案例】

2017 年 3 月前后，有消费者反映，在高档公寓、写字楼内美容场所微整形领域存在涉嫌销售和注射无中文标识的 A 型肉毒毒素的违法行为。北京市公安局环境食品药品和旅游安全保卫总队与北京市食药监局稽查总队开展了为期一周的专项调查行动。专项行动期间，公安和食药监部门对东城、西城以及朝阳等地区开展联合检查，在对朝阳区某写字楼内一美容院进行突击检查时，发现该美容院不但没有正规经营资质，且对顾客使用的药品中，有假冒未经国家批准进口的美国保妥适“BOTOX”（俗称瘦脸针或肉毒素）等药品。假冒“BOTOX”药品，每瓶购进价格千余元，而犯罪嫌疑人通过朋友圈广告宣传，以高于进价数倍的价格出售并为消费者注射。频频发生的医疗美容事故，给患者带来巨大的痛苦，给行业带来了负面影响，也严重影响了国内医疗美容市场的健康发展。案件中涉及的不法商家和从业人员见利忘义，在职业道德上严重缺失，尤其丧失了医疗从业人员应有的职业良心，必须坚决予以打击。只有拥有职业良心，使职业义务变成一种自觉行为，才能保障广大人民群众的切身利益，塑造更好的职业道德，促进社会各项事业的良性发展。

第六节 职业荣誉

一、职业荣誉的含义

我们在现实生活中的一言一行，都要受到他人或社会的评价；我们也常常要去评价他人的言行，或对自己的言行做出自我评价。因为我们履行了社会义务，为他人、为社会做出了一定贡献，因而得到了他人或社会对我们行为的社会价值的某种肯定、赞扬和褒奖，这种肯定、赞扬和褒奖就是通常所讲的荣誉。当我们履行了社会义务，为他人、为社会做出了一定贡献，在自我评价时，我们问心无愧，并有一种满足、愉快和荣耀的感觉，这种自我赞赏的心理也是所说的荣誉。综合荣誉在这两个方面的含义，可以说，荣誉作为一个道德范畴的概念，是指人们对道德行为的社会价值的肯定性评价和个人对道德行为的社会价值的自我意识和自我体验。

职业荣誉是荣誉的一种表现形式。它是指社会对职业行为的社会价值所做出的肯定性评价，也是从业人员对自己的职业行为所具有的社会价值的自我意识和自我体验。换句话说，职业荣誉就是从业人员的职业行为得到社会的公认、肯定和褒奖以及从业人员对自己的职业行为的肯定和欣赏。

二、职业荣誉的特点

职业荣誉主要有阶级性、激励性和多样性的特点。

1. 职业荣誉的阶级性

从历史进化的轨迹看，不同时代、不同阶级、不同集团和阶层，对荣誉赋予的实质内容是不一样的。在封建社会，地主阶级把高贵的门第、显赫的官位、腐化的生活看成是最大的荣誉，把农民辛苦的劳作看成是耻辱；在资本主义社会，资产阶级把掠夺、暴富、强权作为荣誉的标志，把工人阶级因被剥削造成的贫穷看成是耻辱的表现；在社会主义社会，我们把为社会主义现代化事业忘我奋斗看成是最大的光荣，把不劳而获的寄生虫、职业道德败坏的贪官看成是最可耻的人。由此可见，因时代不同，职业荣誉的内涵也就不同，从而使职业荣誉随时代的变迁打上阶级的烙印。

2. 职业荣誉的激励性

一方面，社会给从业人员的荣誉，通常与从业人员对社会所做贡献的多少和大小有关，贡献越多，荣誉就越多；贡献越大，荣誉的级别就越高。另一方面，社会把耻辱作为对违背公共利益行为的一种精神惩罚，常常使有良知的从业人员因为自己的过失饱尝内心痛苦的体验。因此，争取荣誉、避免耻辱的愿望就会成为激励从业人员奋发向上的精神力量，往往能把从业人员对荣誉的追求变成强烈的内心信念，使自己在履行职业义务过程中，宁愿做出自我牺牲，也不违背良心做出可耻的危害他人和社会的事情来。

3. 职业荣誉的多样性

由于职业活动的内容多种多样，职业活动的范围有差异，获得职业荣誉的主体也不相同，因而职业荣誉就呈现出多样化特征。从奖励内容看，有物质荣誉（奖品、奖金）和精神荣誉（奖状、赞扬）；从获奖主体看，有集体荣誉（如先进车间）和个人荣誉（如先进生产者）；从获奖层次范围看，有国家荣誉（如全国劳动模范）、省级荣誉（省级先进）等；从表现形式看，有外显性荣誉（如奖章、锦旗等）和内显性荣誉（内心的自豪感等）。

三、职业荣誉的要求

职业荣誉是职业道德的重要范畴，不同的荣誉观会产生不同的职业行为。如何正确对待职业荣誉，是职业道德修养中又一个重要课题。要树立职业荣誉观，我们应按以下几方面的要求来努力。

1. 树立正确的职业荣辱观

在职业生涯中，每一个从业人员都要树立正确的职业荣辱观。“荣”是指荣誉，“辱”是指耻辱。荣辱观是对荣誉和耻辱的根本看法和态度，它是人的世界观、人生观、价值观、职业观的重要内容。要树立正确的职业荣辱观，从业人员就要以践行热爱祖国、服务人民、崇尚科学、辛勤劳动、团结互助、诚实守信、遵纪守法、艰苦奋斗这些职业道德规范为职业荣誉，同时要以危害祖国、背离人民、愚昧无知、好逸恶劳、损人利己、见利忘义、违法乱纪、骄奢淫逸为职业耻辱。只有具备这种职业荣辱观，才能在职业活动中明辨是非，分清善恶美丑，做出正确的职业行为的判断和选择，更好地履行职业权力、职业义务、职业责任，遵守职业纪律，成为有职业道德良心的品德高尚的人。

2. 争取职业荣誉的动机要纯洁

社会主义社会，评价职业荣誉是以对社会贡献的多少和大小为标准，而不是以金钱的多少和地位的高低为标准。因此，要争取职业荣誉，从业人员应通过自己的辛勤劳动，为单位、为社会、为国家多做贡献。通过尽职尽责地履行社会义务，得到社会的认同。我们不能把争取职业荣誉作为获取更多金钱、夺取更多特权的阶梯或跳板。否则，职业荣誉就会变成虚荣，变得自私，甚至变成它的反面而走向耻辱，从而使职业荣誉因蒙羞而丧失真正的道德价值，成为功利的目标。因此，争取职业荣誉的动机是否纯洁、纯正，是一个人职业道德水准高低的内心世界的折射。

3. 获取职业荣誉的手段要正当

从业人员应通过正当的途径和手段获得职业荣誉，即通过认真履行职业义务，自觉遵守职业纪律，尽职尽责完成本职工作，多为他人、为单位、为社会做贡献，以赢得他人、单位、社会对自己的承认与肯定，从而获得相应的职业荣誉；而不是斤斤计较要荣誉，或机会来了“争”荣誉，也不能靠毁坏他人的声誉来抬高自己的身价和地位，谋取自己的荣誉；更不能欺上瞒下、弄虚作假骗取荣誉。一个道德觉悟高的人，往往把职业荣誉视为生命，宁可做出种种牺牲，也绝不采取不正当的手段去谋取甚至骗取职业荣誉。大庆人“见荣誉就让，见困难就上”的高尚道德情操，是永远值得我们学习的。

4. 对待职业荣誉的态度要谦虚

一个人的成功，除了个人努力外，还与他人和集体的帮助、支持分不开，有时有的同志所获得的荣誉就是其他同志谦让的结果。因此，一个高尚的人对自己获得的职业荣誉，往往归功于他人，归功于集体，把它作为新的起点，以更加谦虚的态度、更加努力地工作来回报单位、社会对他的认可和表彰。我们决不能在荣誉面前沾沾自喜，忘乎所以，更不能骄傲自满，不思进取，一定要从头做起，继续努力。否则，就会停滞不前，甚至倒退。“满招损，谦受益”，“历察古今多少事，成由谦逊败由骄”等名言警句讲的就是这个道理。因此，我们对待职业荣誉的态度一定要谦虚。

【案例】

2017年10月，在第44届世界技能大赛上，我国派出52名选手参加了47个项目的比赛，共获得15枚金牌、7枚银牌、8枚铜牌和12个优胜奖，位居金牌榜、奖牌榜和团体总分榜榜首。世界技能大赛是世界性职业技能赛事，引领和代表着职业技能发展的世界先进水平。我国自2010年加入世界技能组织后，先后4次参加世界技能大赛，这次参赛项目最多，参赛人数最多，实现了历史性重大突破，是我国参加世界技能大赛以来的最好成绩，工业机械装调项目选手、江苏省常州技师学院学生宋彪，以全场最高分获得大赛唯一的“阿尔伯特·维达大奖”。

我国的参赛选手大都是技工院校培养出来的青年技能人才，他们代表祖国参赛并且取得优异成绩，为祖国和人民赢得了荣誉，同时也为自己荣获了职业生涯中的职业荣誉。

这批参赛获奖选手体现了为祖国、为人民争光，为自身职业荣誉拼搏的精神风貌，体现了艰苦奋斗、勤奋学习、刻苦钻研、精益求精、执着追求、无私奉献、开拓创新、顽强拼搏、成绩卓著的大国工匠精神。每一位选手都付出了超乎常人的艰苦努力，都有一个为崇高职业荣誉奋力拼搏的感人故事。袁强同学是本届大赛工业控制项目金牌选手，他在冲刺本届金牌的道路上历经坎坷和波折。在选拔赛的第一轮，他就被淘汰了，但是，他没有放弃，继续训练，最终他的执着感动了老师，让他使用正式选手的剩余耗材参与训练。在长达两年的训练里，他几乎放弃了一切休息时间，正是他的坚持与执着使他最终成为正式参赛队员，成就了为国争光的辉煌。“我要与面包终生为伴”，这是本届大赛烘焙项目金牌选手蔡叶昭的职业理想，他正是按照自己的诺言一步一个脚印践行职业理想，他是王森国际咖啡西点西餐学院的毕业学生，已经参加工作。当该学院邀请他回来参加比赛时，他毫不犹豫辞去工作，回到母校参加系统学习和艰苦训练，体现了为国争光无私奉献的精神，最终成就了金牌梦想。像这样的励志故事还有很多。

本届大赛荣获如此多的奖项除了得益于选手们的努力外，也得益于党和国家的高度重视，得益于我国技能人才工作环境的日益改善，更得益于中国代表团每一位成员的努力。专家、教练、翻译等组成的技术团队，心往一处想，劲往一处使，密切配合、齐心协力、竭尽全力完成各项赛事工作，从而指导和带领选手取得优异成绩。以上这些，许多选手都有刻骨铭心的记忆，他们在巨大的职业荣誉面前表现得非常谦虚，体现了正确对待职业荣誉的良好道德品质。在我国第44届世界技能大赛参赛总结大会上，工业控制项目金牌选手袁强动情地说：“大赛结束，荣誉和光环都以选手的名字去体现，但这份荣誉应该属于我们大家。”“校内选拔时我第一轮就被淘汰了。如果没有专家、教练的慧眼和指导，我可能永远都是一个‘加赛’选手，永远都没有机会站上世界技能大赛的冠军领奖台。”

以上案例充分说明了应该如何努力去获得职业荣誉和如何对待职业荣誉。

第七节 职业幸福

一、职业幸福的含义

幸福作为道德范畴来源于人们对社会生活的理解，它是社会生活条件在人们思想和情感中的反映。从社会生活意义来理解幸福的概念，幸福就是指人们在物质生活和精神生活中，由于感受到和意识到实现自己的理想和达到预定的目标而产生的精神上的满足。简单地说，幸福就是指人们的各种需要得到满足后产生的精神愉悦。

人们有各种各样的需要，比如物质需要、精神需要、文化需要、休闲需要和交友需要等。其中职业活动是人们多种需要中最根本的需要。人们在职业活动中的某些目标或理想实现后，就会产生与职业活动相关的愉快和满足，这些愉快和满足就是在职业活动中产生的幸福。因此，所谓职业幸福，就是指从业人员在具体的职业活动中，由于奋斗目标、职业理想的实现而获得的精神上的满足和愉悦。比如，保质保量完成生产任务后就会产生一种心情愉快感；通过钻研努力，解决了某一项技术难题，得到领导和同事高度评价，就会产生一种精神上的满足感；攻克难关，做出某项创新和发明，就会产生一种自豪感。所有这些，都是职业幸福的具体体现。

二、职业幸福的特点

职业幸福主要有阶级性、层次性和广泛性的特点。

1. 职业幸福的阶级性

不同的阶级对职业幸福的理解不同，因而其职业幸福观也就不同。由于在职业活动中，不同阶级有不同的职业利益，因此，各个阶级对与职业相关的幸福的理解就不同，对幸福的追求方式与享受方式也不同。比如，资产阶级的幸福观是以个人主义为核心，为了追求个人的幸福，往往把自己的幸福建立在别人的痛苦和损害集体利益之上；而无产阶级的幸福观是以集体主义为核心，追求的是无产阶级和广大劳动人民的幸福，是在全心全意为人民服务的前提下实现个人的幸福。

2. 职业幸福的层次性

不同层次的从业人员，都有与自己所处层次相对应的职业幸福。职工由于尽职尽责完成本职工作而愉快；部门经理、车间主任因超额完成生产任务而兴奋；企业（公司）领导因组织全体员工创造出比过去更好的社会效益、经济效益而高兴。这些心理情绪体验，就是不同层次的从业人员对职业幸福的理解和感受。既然每个层次的从业人员都有自己所处层次的职业幸福，那么我们就应当安心本职工作，在本职工作岗位上做出自己的努力与贡献，在努力的过程中和贡献的绩效里去体会和享受自己创造的职业幸福。

3. 职业幸福的广泛性

每一种职业、每个从业人员都有自己的职业幸福。环卫工人起早摸黑地清扫保洁劳动使一个城市干干净净，他会为此感到幸福；交通警察春夏秋冬不分昼夜、不畏严寒酷暑地在现场指挥，保证了一个城市的交通秩序和交通安全，他也会为此感到幸福；法官因自己秉公执法，维护了法律的尊严，强化了国家意志，哪怕是得罪有关“权贵”，也同样能体会到自己的职业幸福。既然任何职业都有自己的职业幸福，职业本身也无贵贱高低之分，我们就不要这山望着那山高，而应安心在自己的职业岗位上去创造职业幸福，享受职业幸福。

三、追求职业幸福的要求

幸福是传统的道德范畴之一。在职业生活中追求职业幸福，既是从业人员应有的正当愿望，也是从业人员应有的权利，但是以什么样的世界观、人生观、价值观来追求职业幸福，通过什么样的方式和途径来追求职业幸福，这是职业道德的又一重要课题。在追求职业幸福过程中，应处理好个人幸福与集体幸福、物质生活幸福与精神生活幸福、创造职业幸福和享受职业幸福三方面的关系。

1. 正确处理好个人幸福与集体幸福之间的关系

这是职业道德对追求职业幸福最基本的要求。幸福的阶级性告诉我们，马克思主义的幸福观以集体幸福为核心，可以说，集体幸福是个人幸福的基础，没有集体幸福，也就没有我们个人的幸福；而个人幸福又是集体幸福的表现，集体中每一个成员幸福了，整个集体就是一个幸福的集体。例如，一个单位的社会效益、经济效益搞上去了，对社会、对国家的贡献大，工资和奖金也比较高，那么生活在这个集体中的个人因为自己的社会价值通过单位集体的社会价值得到体现，其精神上是愉快的，其物质生活也会是满意的。这样单位的整体幸福，就给每个职工带来了个人幸福。反之，单位效益不好，职工失业下岗，干部群众关系紧张，职工感到生存危机，前途渺茫，个人幸福也就无从谈起。因此，健康的职业道德，主张把集体幸福和个人幸福结合起来，把集体幸福放在首位，个人幸福服从集体幸福，必要时，哪怕牺牲个人幸福，也要确保集体幸福。当然，集体也要为个人幸福负责，让每个人在为集体创造幸福的同时也能获得应有的幸福。

2. 正确处理好物质生活幸福与精神生活幸福的关系

这是职业道德对追求职业幸福提出的更高要求。物质生活幸福和精神生活幸福同样重要。每个从业人员在追求物质生活幸福时，应使自己精神愉快，心情快乐，否则得到的幸福就不完整，就有遗憾。在职业生活中，经常有这种情况，有的人物质生活相当富足，但因为与周围人际关系紧张而不愉快，或因为缺少文化科技知识而空虚苦恼，还可能因为贪得无厌、过分追求物质享受走向犯罪而悔恨终生。诸如此类，由于精神生活的失意、失败，物质生活也就失去了它应有的光彩；反之，物质生活贫困，精神生活也不会理想。所以，提倡物质文明与精神文明一起抓，目的就是使物质生活与精神生活都一样幸福。每个从业人员在自己的职业劳动中，在追求物质生活幸福的同时也应追求精神生活上的富足与幸福。

3. 正确处理好创造职业幸福和享受职业幸福的关系

这是职业道德对追求职业幸福更高境界的要求。幸福不会从天上掉下来，也不会从地下长出来，要靠劳动创造出来。追求不劳而获的幸福是资产阶级腐朽没落的幸福观。如果大家都不劳而获，结果是大家都不会幸福。古人有“先天下之忧而忧，后天下之乐而乐”的幸福观，我们更应有先创造后享受的职业幸福观。每个从业人员在自己的职业岗位上，在自己的职业活动中，都应努力通过自己辛勤的劳动，为他人、为单位、为社会、为国家创造更多的物质财富和精神财富，这样不仅可以体会到创造过程本身的幸福，而且还可以分享到自己创造的幸福。创造幸福是享受幸福的前提，享受幸福是创造幸福的动力。

【案例】

全国道德模范李成环，女，汉族，1987年6月生，中共党员，生前系甘肃省兰州市二十四中学生活指导老师。作为生活指导老师，她和其他几名同事一同照顾着全校600多名学生的生活起居。尽管岗位平凡，尽管自己家里并不富裕，但李成环总是尽力给予学生更多的关爱。一次一连几天阴雨，学生宿舍被褥受潮，李成环一个人将几个宿舍的被褥拿出去晾晒，自己累得满头大汗。学校地处农村，女生宿舍楼用水不方便，楼内厕所不能正常使用，学生夜间上厕所要到100米以外的旱厕，很多女生胆小不敢去。李成环知道后，不管下雨刮风，都拿着手电筒一路护送。她用自己的热心、细心和善良赢得了学生们的尊敬和爱戴。得知青海玉树震区结古镇八一孤儿学校缺少过冬棉鞋和学习用品，李成环和丈夫多方募集善款，购置了700余双棉鞋、电脑和书籍等物品，打算在入冬前送到孩子们手中。当时李成环和丈夫还在蜜月之中，且已身怀有孕。由于路途遥远，丈夫曾劝她不要亲自去。但李成环坚持要和丈夫一起看望灾区的孩子，度过一个具有特殊意义的新婚蜜月。当她和丈夫与另外3位爱心人士前往玉树结古镇八一孤儿学校时，返回途中遭遇大雪发生车祸，李成环因受重伤抢救无效不幸去世。李成环去世后，人们赞誉她为“最美新娘”“爱心天使”，2013年被追授为兰州市道德模范、甘肃省道德模范，2013年9月26日被评为第四届全国道德模范。

李成环作为一名普通的生活指导老师，心系学生，把帮助学生当成自己最大的快乐，在本职工作岗位上做出了自己的努力与贡献，并赢得了学生们的尊敬和爱戴；作为一名公益志愿者，心系灾区，不顾自己的蜜月旅行和身孕，将个人幸福融入到自己热爱的公益事业中，甚至献出了年轻而宝贵的生命。这个案例告诉我们不管什么样的工作岗位，都应该通过自己的坚持努力和辛勤付出，为他人、为单位、为社会、为国家创造更多的物质财富和精神财富，在创造幸福的过程中我们的职业生涯也在幸福着，前行着。

第八节　职业理想

一、职业理想的含义

职业理想是指人们对未来职业和所要取得何种成就，对社会做出哪些贡献的向往和追求。它包括对职业的认识、态度和职业选择，例如有的人想当教师、工程师、科学家、医生、职业军人、政府公务员、高技能人才或掌握了现代科技技能的新式农民等。一个理想的职业不仅是人们谋生的手段，而且能更好地发挥人的聪明才智，在实现为人民服务、奉献社会的同时，也实现了个人的人生价值。在科学技术日新月异的今天，新职业不断产生，落后于先进的生产方式、生产工具的职业不断被淘汰，要想选择好职业，就要不断学习，除了不断提高自己核心知识技能和核心工作能力之外，还要不断学习，了解政治、军事、科技、经济、生产等方面的发展变化，对未来新职业做出预测；同时由于职业不同，工作环境不同，对劳动能力的要求不同，劳动报酬会有各种各样的差异，在择业时应将自身条件（身体、知识、技能等）和社会的需求紧密结合，这样才能做出正确的职业选择。职业理想也是一种职业人生的认识和态度。无论从事什么职业，在什么样的岗位上工作，都是在为人民服务，在为建设中国特色社会主义做贡献，只有本着这样的认识和态度，才能够真正实现自身的职业理想。

树立正确的职业理想，才能明确个人奋斗的正确方向，坚定为新时代中国特色社会主义事业奋斗的信念，增强为追求事业成功而战胜困难的力量，最终也有利于正确世界观的形成和人生价值的实现。

二、职业理想的特点

职业理想具有时代性、阶段性、共性与个性的特点。

1. 职业理想的时代性

职业理想具有鲜明的时代性特征。在革命战争年代，许许多多志士仁人、爱国青年投身革命的理想就是参加人民的军队，成为职业革命家，推翻帝国主义、封建主义、官僚资本主义三座大山，建立人民当家做主的新中国。如今我们正处在全面建成小康社会决胜阶段、中国特色社会主义进入新时代的关键时期，特别是党的十八大、十九大，习总书记提出“实现中华民族伟大复兴的中国梦”的目标，“中国梦”实际就是国家的理想、人民的理想，“中国梦”明确提出要实现国家富强、民族振兴、人民幸福，代表了最广大人民群众的理想。人民理想必须依靠每一个中国人的努力来实现，而每一个人的理想又必须和国家的理想、人民的理想紧密联系，和国家的命运紧密联系在一起，因此，每一个中国人都必须坚持走新时代中国特色社会主义的道路，弘扬中国精神，团结起来，在党的领导下“进行伟大斗争”“建设伟大工程”“推进伟大事业”，凝聚起同心共筑中国梦的磅礴力量，只有这样才能实现中华民族的伟大复兴。当前和今后相当长的一个时期，每一个人的职业理想都必须和实现伟大的“中国梦”紧密联系起来，无论我们的职业理想是什么，选择实现人生价值的平台是何种职业，我们的目标都应当同党、国家和人民的奋斗目标联系起来，使自己在实现国家伟大奋斗目标中实现自己的职业理想和职业幸福。这就是当今时代赋予我们的职业理想的显著特色。

2. 职业理想的阶段性

职业理想可分为长远、中期、近期三个阶段。长远的职业理想可以通过某一具体职业来实现对社会的贡献，实现自我的成功，即无论自己最终会选择什么样的职业，都要追求取得事业的成功，都要实现为人民服务的目的，有为社会做出自己应有贡献的愿望和憧憬。长远的职业理想具有相对的稳定性。近期的职业理想距离现实比较接近，它比较明确而具体，就是必须根据自己的学习情况，掌握知识技能的多少，身体健康状况，即自身条件，结合社会需求对职业做出完全满意或比较满意的选择。近期的职业理想具有不确定性和紧密结合现实的特点，根据这一特点，随着主客观条件的不断变化调整或改变以往选择的职业理想，但是，无论怎样改变，以为人民服务为核心、通过工作岗位为社会做贡献并取得自己事业成功的长远职业理想不能改变。中期的职业理想是一个承上启下的环节，当一个近期的职业理想实现后，可以顺利朝着自己设定的中期职业理想前进，当中期的职业理想实现以后，再向长远的职业理想迈进。

3. 职业理想的共性与个性

（1）职业理想的共性。职业理想要符合时代精神，要以为人民服务为核心，以奉献社会为内容，在自己人生的道路上追求事业的成功，要以理想的职业为实现理想的平台，这些都是职业理想的共同特征。

（2）职业理想具有很强的个性。职业理想是与职业紧密相连的一种理想。职业（工种）的种类繁多。根据 2015 年出版的《中华人民共和国职业分类大典》，目前我国有 1 481 个职业，并且随着科技进步、社会经济的发展，还会不断淘汰一些老职业，涌现一批新职业。这就给每一个从业者选择职业、设计自己的多彩人生、实现职业理想提供了广阔的空间；同时，由于人的个体差异，例如身心素质、文化素养、学历、职业技能、思想政治素质和职业道德素质、智力、体力等方面的差别，又迫使每一个人必须做出符合自己实际的选择。因此，职业理想具有很强的个性特征。

三、树立职业理想的要求

1. 明确职业理想与理想职业的区别

职业理想是指人们对未来职业和所要取得何种成就、对社会做出哪些贡献的向往和追求，包括对职业的认识、态度和职业选择；而理想职业则是实现理想的平台，它是依据职业理想结合个人的具体情况来做出选择的。有这样一种职业岗位，并不适合自身的条件和能力，自己却通过不正当的手段获得了，并得到了与自己贡献不相符的优厚报酬，这对于自己并不能算作“理想职业”，因为选择它已经背离了为社会多做贡献的职业理想。有的人幻想有一种脱离现实的“理想职业”，在选择职业中就往往会“高不成低不就”，宁可放弃就业而在家里“啃老”也不工作。实际上这种“理想职业”在现实中是不存在的，还是要脚踏实地做出现实的选择，只要朝着职业理想去努力，就可以实现为社会做贡献和人生价值。“金牌工人”许振超、“工人专家”李斌、“创新尖兵”罗东元、“油井女杰”束滨霞等高技能人才的楷模都是这样的。由此可见，不论什么职业岗位，最终能实现自己职业理想的，就是理想的职业。从业者应该懂得职业理想不等于理想职业，两者不能混为一谈。

2. 个人的职业理想应以为人民服务、奉献社会为最高境界

为人民服务是职业理想的核心，奉献社会是职业理想的主要内容，每一个从业者通过自己的职业生涯，实现为人民服务和奉献社会的目标，这是职业理想的崇高境界。我们应该坚持学习科学文化知识与加强思想道德修养的统一，坚持学习书本知识与投身社会实践的统一，坚持实现自身价值与服务祖国人民的统一，坚持树立远大理想与艰苦奋斗的统一，朝着最高境界努力，才谈得上为实现正确的职业理想而奋斗。

3. 职业理想一定要切合实际

每一个从业人员自身的身体和心理条件不一样，智力和体力也有差别，学习文化知识、掌握技术技能的程度以及学习专业方向不一样，因此树立职业理想必须从自身的实际出发，即符合个人的实际，这样对自己的职业理想的实现才更有利；同时，树立职业理想还要符合社会实际，即使自己的职业理想符合建设中国特色社会主义的实际，符合党和国家当前的就业政策和要求，符合用人单位的迫切需要。只有这样，职业理想才不会变成幻想和空想，才能找到实现职业理想的职业岗位，搭建起可以实现职业理想的平台。

4. 职业理想必须通过艰苦奋斗去实现

如果说现实是此岸，职业理想是彼岸，那么艰苦奋斗就是到达彼岸的桥梁。正如习总书记在党的十九大报告中指出的，中华民族的伟大复兴，绝不是轻轻松松、敲锣打鼓就能实现。全党必须准备付出更为艰巨、更为艰苦的努力。实现国家的奋斗目标是如此，实现个人的职业理想也是如此，职业理想是解决人生奋斗的方向、信念问题，但是职业理想的实现只有靠立足现实，努力实践。在实践的道路上必然充满着荆棘和坎坷，任何贪图享乐、消极懈怠、回避矛盾的行为都是错误的，为职业理想而奋斗需要做出艰苦的努力，甚至需要付出毕生的精力。

【案例】

“大国工匠”陈闰祥，是中国电科第三十八研究所精密加工分厂的一位数控编程员，也是三十八所高速铣削加工队伍中的核心骨干。谈起入行的契机，陈闰祥腼腆地笑笑说：“任何东西都需要经历一个从创造到制造的过程，将设计师的构想落地到现实中投放生产的过程让我很感兴趣，这样的人很伟大，所以我就加入了机械制造行业。”2006年陈闰祥成为一名普通的机床工人。在平凡岗位上，他一直不断学习，从数控加工工艺到数控机床维护，从基础的编程软件到掌握多种高难度的编程软件。陈闰祥说：“我现在努力的目标就是多学几个编程程序，其实精通一种程序就可以胜任这个工作了，但是每个软件里的逻辑不同，多学一点，融会贯通，可以更好地提高工作效率。”“工欲善其事，必先利其器”，陈闰祥不仅仅是一个传统的制造业者，与时俱进持续学习更是他的追求，陈闰祥坚信只有掌握了新技术，紧跟新技术发展的脚步，才能面向未来，高效发展。2016年陈闰祥带领“精益求精”QC小组（质量控制小组）远赴泰国，参加被誉为“质量奥林匹克”的第41届国际质量管理会议（ICQCC），并从众多选手中脱颖而出，一举斩获最高奖项——金奖。陈闰祥说：“这是一个由量变到质变的过程，之前一直埋头自己干，该是抬头到外面看看的时候了，不比不知道，比一下才知道自己差距在哪里。”这个沉甸甸的金奖意味着中国电科第三十八研究所质量管理工作在国际上得到认可，与国际质量管理接轨，正向国际一流质量管理水平迈进。关于为什么投身于国防制造事业中，陈闰祥说：“我自己对数控加工很感兴趣，经过自己的努力，和一群志同道合的人能够把图纸上的东西变为现实，自己感觉很有成就感，近些年我国国防制造发展迅猛，作为制造一线的工作者，我也感觉很自豪。”陈闰祥向我们展示了在祖国强国强军的道路上，平凡“工匠”的制造梦想，用质量来钉牢祖国国防科技制造业的每一颗螺丝钉。勤奋踏实、务实细致、专心致志、精益求精，陈闰祥展示了新一代“大国工匠”的新形象。

上面的案例中，陈闰祥从2006年参加工作以来，以投身国防，“将设计师的构想落地到现实中投放生产”，把为祖国的制造业努力奋斗作为职业理想，他一直以一颗“匠人”之心对待工作，秉承“质量在我心中，质量在我手中”的人生箴言，展现了一位“大国工匠”为社会发展、为祖国奉献的崇高境界。在实现职业理想的过程中，他不断学习，紧跟新技术的发展脚步，与时俱进，精益求精，追求卓越，通过努力奋斗提升了质量管理工作水平，最终使其与国际接轨并斩获金奖，这份成绩的取得充分说明了职业理想与职业成就的关系。陈闰祥有明确的职业理想，执着地奋斗，成功地实现了他的理想。青年人要敢想、敢试、敢做，才有成功的希望。青年要坚定理想信念，练就过硬本领，勇于创新，锤炼高尚品格，在实现中国梦的实践中放飞青春理想。

◎ 思考与练习

1. 职业义务的含义、特点是什么？履行职业义务的要求有哪些？
2. 职业权力的含义、特点是什么？正确行使职业权力有哪些要求？
3. 职业责任的含义、特点是什么？如何增强职业责任感？
4. 职业纪律的含义、特点是什么？遵守职业纪律有哪些要求？
5. 职业良心的含义、特点是什么？培养职业良心应从哪些方面入手？
6. 职业荣誉的含义、特点是什么？如何正确对待职业荣誉？
7. 职业幸福的含义、特点是什么？追求职业幸福有哪些要求？
8. 联系自身实际谈谈你的职业理想。
9. 根据本章的内容谈谈在加强职业道德建设和修养时要注意哪些问题。

第三章

职业道德行为规范

职业道德行为规范的形式多种多样，其内容因工作岗位的不同而不同。党中央印发的《公民道德建设实施纲要》中明确提出的“爱岗敬业、诚实守信、办事公道、服务群众、奉献社会”职业道德规范，是我国所有从业人员都应该共同遵守的主要行为规范。本章着重介绍职业道德中的一些特殊的行为规范——生产和服务行业从业人员的职业道德行为规范。

第一节　职业道德行为规范基本知识

一、职业道德行为规范的定义

职业道德行为规范是从业人员在职业活动中必须遵守的符合人民根本利益的职业行为准则。它包含职业道德基本行为规范和职业道德特殊行为规范。

二、职业道德基本行为规范

职业道德基本行为规范的内容包括：（1）爱岗敬业，忠于职守；（2）诚实守信，宽厚待人；（3）办事公道，服务群众；（4）以身作则，奉献社会；（5）勤奋学习，开拓创新；（6）精通业务，技艺精湛；（7）讲究质量，注重信誉；（8）遵守法纪，文明安全；（9）团结协作，互帮互助；（10）艰苦奋斗，勤俭节约。这些内容是对“爱岗敬业、诚实守信、办事公道、服务群众、奉献社会”职业道德规范的细化，形成了一个比较具体的职业道德基本行为规范体系。

三、职业道德特殊行为规范

职业道德的特殊行为规范是具有从业人员自身职业特点的职业道德行为准则。例如：教师要“热爱学生”；医生要实行“人道主义，救死扶伤”；服务员要“热情周到，文明礼貌”；汽车驾驶员要“爱护车辆，精心保养，安全及时，准班正点，尊客爱货”等。职业道德的特殊行为规范往往还反映在各行各业的行规和规章制度中。例如：中国十九冶金集团有限公司为本公司全体职工制定的职业规范如下：

“西部铁军”军规

懂得服从——听从安排，执行到位，
信守承诺——一诺千金，言行一致；
坚守岗位——恪尽职守，制度办事，
精神饱满——朝气蓬勃，愉快工作；
用心服务——认真做事，客户至尊，
谨言慎行——出言须谨，行动要慎；
学习创新——坚持学习，创新思维，
艰苦奋斗——克勤克俭，吃苦耐劳；
团结互助——依靠团队，互助互进，
维护荣誉——企业形象，从我做起。

在20世纪60年代，中国十九冶金集团有限公司支援四川“三线”建设——攀枝花钢铁基地的建设。该公司号称是不穿军装的“军队”，因此给自己制定了“军规”，在这一“军规”中，既有懂得服从、谨言慎行、维护荣誉、精神饱满等体现企业自身特点的特殊行业职业道德规范，又有信守承诺、学习创新、艰苦奋斗、团结互助等基本职业道德规范的内容。

从业人员除了要遵守共同的职业道德基本行为规范以外，还应遵守行业职业道德的特殊行为规范。

四、公民基本道德行为规范与职业道德行为规范的关系

公民基本道德行为规范是“爱国守法、明礼诚信、团结友善、勤俭自强、敬业奉献”。这是《公民道德建设实施纲要》明确提出的公民应该遵守的基本行为准则。公民基本道德行为规范包含了职业道德基本行为规范，两者是包含与被包含的关系。在从业人员的职业行为中必须做到：第一，遵守公民基本道德行为规范；第二，遵守职业道德基本行为规范；第三，遵守具有从业人员自身职业特点的职业道德行为规范（包括本行业职业道德规范和所在岗位的职业道德规范）。

五、职业道德规范是社会主义核心价值观建设的重要内容

习总书记指出：“我们提出要倡导富强、民主、文明、和谐，倡导自由、平等、公正、法治，倡导爱国、敬业、诚信、友善，积极培育和践行社会主义核心价值观。富强、民主、文明、和谐是国家层面的价值追求，自由、平等、公正、法治是社会层面的价值追求，爱国、敬业、诚信、友善是公民层面的价值追求。这个概括，实际上回答了我们要建设什么样的国家、建设什么样的社会、培育什么样的公民的重大问题。”由此可以看出，公民道德、职业道德、家庭美德、个人品德均是社会主义核心价值观建设的重要内容。无论在公民道德中体现的爱国、守法、团结、奉献；在职业道德中体现的敬业、诚信、公

道、服务；还是在家庭美德中体现的孝老、爱幼、勤俭、和睦、平等，以及个人品德表现的忘我、无私、良心、正直、勇为、宽容、廉洁、谦虚、创新、进取、善恶分明等均体现了社会主义核心价值观。因此要增强社会主义文化自信和加强社会主义核心价值观建设就必须加强个人品德教育和职业道德建设。

六、遵守职业道德行为规范的意义

遵守职业道德行为规范的意义在于：第一，可以有效地提高从业人员遵纪守法的自觉性，增强自我约束力；第二，可以提高工作效率和增产增收，达到为人民服务的目的；第三，可以提高从业人员职业道德觉悟和修养，从而形成良好稳定的个人职业道德品质，自觉按照职业道德行为准则办事；第四，可以提高产品、工程、服务质量，促进劳动的文明安全与社会进步；第五，可以在职业活动中很好地贯彻社会主义核心价值观。

第二节　爱岗敬业　忠于职守

社会主义职业道德基本行为规范，全面而又简明地概括了各行业的职业道德行为规范的共同特点，这是从事各种职业的从业人员都应该共同遵守的职业行为准则。从本节起至第十一节着重介绍职业道德基本行为规范。

一、爱岗敬业、忠于职守是坚持为人民服务宗旨的基本要求

在我国，一切从业人员的根本宗旨都是为人民服务。为人民服务的精神应该体现在自己从事的本职工作中，体现在遵守爱岗敬业、忠于职守的职业道德行为规范上。爱岗敬业就是要热爱本职工作，在工作中兢兢业业、忠于职守、持之以恒地完成工作任务，认真负责地履行全部岗位职责。在社会主义市场经济中，每个人无论在哪个工作岗位，都是通过自己的工作来为社会创造物质和精神财富的，因此，做好本职工作，就成为对每个人的职业道德行为的基本要求。一个人如果不爱自己的工作，工作中敷衍塞责，甚至玩忽职守，就谈不上遵守职业道德，更谈不上为社会做贡献。

二、忠于职守是履行岗位职责的最高表现形式

忠于职守是对每个从业人员提出的认真履行职业责任、遵守职业纪律的基本要求。忠于职守也是一种职业态度，它要求每一个从业者勤勤恳恳地工作，对工作一丝不苟，不得有失职行为，并持之以恒，尽职尽责，甚至不惜牺牲自己的一切。2008 年 5 月 12 日我国四川遭受 8.0 级地震。5 月 12 日下午，德阳汉旺东汽中学高二（一）班学生们正安静地坐在教室里，听教导主任兼政治课老师谭千秋的课，突然，所有人都感到了课桌椅在晃动，几秒钟后，便是天崩地裂。谭老师当时朝同学们大喊：“什么都不要拿，马上走，赶快走!”同学们迅速撤离教室，但是，摇晃极为强烈，来不及躲避了，整个教学楼都在下

沉。看着身边4个已经不可能逃离教学楼的孩子，谭千秋双手奋力将他们塞进课桌下，然后张开双臂趴在课桌上，用身躯死死护住桌下的4个孩子。5月13日23时50分，中国地震应急搜救中心的救援人员在救援现场看到：谭老师趴在课桌上，弓下的身躯，展开的双手，摆出守护的姿势。他的后脑被砸得深深地凹了下去。在他的身躯下，救援人员救出了4个学生。在生死关头，谭千秋老师保护了4名学生，却献出了51岁的生命。5月16日，谭千秋魂归故里，其妻张关蓉带着女儿，携丈夫的遗物回到湖南。长沙市500多辆出租车自发来到机场，组成绵延3千米的车队，为英雄护灵。湖南大学校园内的道路两旁，上万名师生手持蜡烛、横幅，为校友送行。谭千秋老师牺牲了，但他那种不怕牺牲、坚守岗位、忠于职守的献身精神，却在人民心中化成了一座永恒的丰碑。

三、爱岗敬业、忠于职守精神的培养

爱岗和敬业两者是统一的，只有爱岗才能敬业，敬业又会促进爱岗。对一种工作的热爱，主要是对它有兴趣。兴趣是最好的老师，而兴趣是可以培养的。要做到对岗位的热爱，首先要培养自己对职业岗位的兴趣。数学对许多人来说是枯燥无味的，提起它就头痛，而陈景润却对它有着浓厚的兴趣。他把数学作为自己终身的职业，最终成为著名的数学家，并在哥德巴赫猜想的数学论证中取得了重大突破，成为爱岗敬业的典范。如今随着社会主义市场经济体制的建立，在劳动用人制度上实行了双向选择，劳动者主动选择的职业，要热爱它比较容易，但如果被动地被用人单位选上，自己没有思想准备，是被动地服从单位的安排，这就要努力培养干一行爱一行的精神。

要做到爱岗敬业、忠于职守，必须培养不怕吃苦、不怕吃亏的精神。在现实生活中，有的职业工作条件好、报酬高，但是，不是人人都能有这样的职业。在物质条件不是很丰富，许多农民还没有脱贫，城镇就业岗位相对不足的情况下，还有许多苦、脏、累、险、难的工作岗位需要有人做，如矿山井下作业，荒漠中开采石油，城市中的保洁、疏通下水道，边疆、海岛的安全保卫等。从事这些工作，又苦又累又危险，收入也不高，但都要有人来干。

同时还要向爱岗敬业、忠于职守的模范学习。上海电器液压气动有限公司李斌，正是爱岗敬业、忠于职守的典范，出于对自己岗位的热爱，职业的敬畏，刚进厂时只有初中文化的他，边工作边学习，硬是通过自己的努力从电大毕业再到上海第二工业大学本科进修，并以优异的成绩毕业。在学习上不仅刻苦钻研，在工作中更是技术技能高手和创新能手，遇到技术攻关几乎是日不能食、夜不能寐，发扬“工匠精神”直到将难关攻克。多年来其班组在他的带领下研发23项新产品，攻关220余项工艺技术，为国家创造了极大的经济、科技价值。他自己也成为企业技术技能和科技创新的领军人物，荣获“中国机械科技奖一等奖”“国家科学技术进步奖二等奖”等多项崇高荣誉。他不仅自己学习进步，在工作中攻关克难，还针对厂里缺乏技术工人的情况，亲自主编技术技能培训教材，培养了大批技术工人。上海电气机电工会还以他的名字命名了“李斌学校”，翌年升格为“李斌技师学院”。他还是上海师范大学的外聘教授，该校也有以他名字命名的“李斌班”。无论在

“李斌班组”“李斌技术中心”“李斌班”“李斌技师学院”，他都辛勤耕耘，不仅传播知识技能，还传播着“李斌精神”——刻苦钻研、爱岗敬业、勇于创新、无私奉献的工匠精神。李斌深有体会地说：“虽说这16个字是这样的质朴、简单，但要真正做到十分不容易，刻苦钻研不知道要挥洒多少汗水，爱岗敬业不知道要投入多少热情，勇于创新不知道要怀着多大勇气，无私奉献不知道要牺牲多少与家人团聚的时间。”

20世纪80年代，以郎平为首的中国女排从1981年起连续5届夺得世界冠军。中国女排取得的成绩激励了全国人民，郎平也成为一名世界级的排球运动员、世界级的优秀排球教练员。1995年，在祖国排球事业遇到困难的时候，她毅然放弃国外的优厚报酬，回来报效祖国，执教中国女排。从接手中国女排主教练到1996年亚特兰大奥运会，短短16个月的时间，她率领中国女排走出低谷，又迈进世界强队的行列。国际排联破例将四年一度的“世界最佳教练员”称号授予了非世界冠军队教练郎平。郎平第二次担任中国女排主教练是2012年中国女排伦敦奥运会被日本队淘汰的危难之际，她仅用一年半时间又带领中国队在2014年，重返阔别16年的世锦赛决赛舞台，最终夺得亚军，并于2015年以主教练身份带领中国女排在巴西里约热内卢第31届夏季奥运会重夺世界冠军。郎平30多年来对事业保持坚守，从担任主攻手时的“五连冠”到任主教练率中国女排重返世界之巅，“铁榔头”代表了中国女排勇于拼搏、爱岗敬业、无私奉献和忠于职守的精神。

以上这些英雄模范人物是爱岗敬业、忠于职守的典范，都值得我们认真学习。

第三节 诚实守信 宽厚待人

诚实守信有两层意思：其一，诚实，就是说老实话，办老实事，做老实人；其二，守信，即守信用，言必行，行必果，言行统一。最根本的一点就是说话办事实事求是，光明磊落，忠诚老实，为人正直。诚实，是指真实诚恳的内心态度，主要指个体的内心态度和内在品质，体现的是自我道德修养。守信，发生在人与人的关系和人与单位的社会关系当中，涉及人自身外在的言行，涉及人与人之间的作用和影响。信守诺言、信守主张、信守理想信念、信守契约都会对自身以外的人和单位产生良好影响。

诚实守信具有三个特点：第一，具有积累性，一个人，一个单位诚实守信的行为要做到一以贯之，要始终如一地坚持诚实守信，要从一点一滴做起，不断聚集，不因善小而不为，“一个人做一件好事并不难，难的是一辈子做好事”，讲的就是这个道理；第二，具有增值性，只要做到持之以恒地坚持诚信原则，不断积累个人或单位的诚信行为，它就会在社会生活中不断增值，形成“马太效应”的良性循环，某人的诚信“口碑”，某单位的诚信“风气”都是因积累而不断增值，形成良性循环；第三，易损性，只要一次不讲诚信，不管是主观或是非主观原因，以前积累的诚信就会丧失，前功尽弃。因此诚信必须精心维护，心诚则灵，心诚则信。

诚实守信不仅是中华民族的传统美德，而且是公民道德和职业道德的基本规范，在社会主义精神文明建设中处于核心地位。诚实守信是社会主义核心价值观的重要内容之一。诚实守信，是人的立身之基，是和谐社会建设的重要条件，是社会主义经济建设的核心竞争力，是民主政治建设的基础，是政府公信力的前提和根本，是法治建设的根基。与诚实守信相反的是欺诈、奸诈、坑、蒙、拐、骗行为，在经济生活中曾经出现过的往饲料里面添加“瘦肉精”，以及“三聚氰胺牛奶”“毒豆芽”“毒腐竹”“地沟油”“假冒保健品”等食品安全事件，商品经营活动中掺杂使假行为，互联网的电信诈骗，个别地方政府行政行为中虚报政绩，个别官员的贿选行为，等等。这些失去诚信的现象如果任其泛滥，和谐社会将会受到极大破坏，因此必须大力倡导诚实守信，人人做到诚实守信，各单位和机构都要讲诚信、守诚信。

不仅如此，还必须采取法律手段为诚信社会的实现保驾护航，要运用法律的武器对失信的行为予以坚决惩罚，坚决遏制不诚信行为。同时还要在社会生活的方方面面设置不讲诚信者的障碍和门槛，在各个方面限制自由，例如银行、保险、交通、融资、工商注册、出国、就业、购房等若干方面都要设置门槛，通过大数据网络建立个人诚信“档案”，使失信者在社会上寸步难行。

一、要信守诺言，诚实履职

诚实守信就是在人们的职业活动中重承诺，信守诺言，忠实地履行自己应承担的职业义务。诚实守信不仅是做人的准则，而且是做事的准则。我国著名教育家陶行知有一句名言：“千教万教，教人学真；千学万学，学做真人。”这里所说的“真人”就是要求学做诚实的人。要做到诚实守信，就必须以诚实守信的先进人物为榜样，加强诚信品质的修养。孙水林、孙东林兄弟俩就是诚实守信的典范，他俩先后荣获“湖北省五一劳动奖章”“全国五一劳动奖章”；孙东林还荣获中央文明办、全国总工会等单位授予的“全国诚实守信道德模范”称号。孙水林（兄）和孙东林（弟）原是湖北农民，在建筑工地打工多年，深受老板拖欠工资之苦。孙水林后来带着弟弟在积累了丰富经验的基础上成立了自己的建筑队伍，由于吃过以前被拖欠工资的苦，他们在建筑队成立之初就有一个不成文的“约定”——“绝不拖欠农民工一分钱”，这条“约定”一直坚持了20多年。孙水林兄弟俩不仅不拖欠农民工兄弟的工资，而且还做到“新年不欠旧年账，今生不欠来生债”，所以他们对农民工的工钱结算从不拖欠到大年初一。2010年2月9日晚孙水林带着从北京工程项目上催收来的11万元和向弟弟借的15万元，偕妻子和3个儿女从天津出发，在春节前驱车赶回老家要给农民工付清工资，但是第二天当他们的车走到南兰高速开封县陇海铁路桥段时，由于路面结冰，他们的车连同20多辆车发生了连环追尾的重大交通事故，一家五口不幸遇难。噩耗传来，孙东林强忍巨大悲痛，一边为哥哥一家五口处理后事，一边毅然决定替哥哥完成遗愿，赶在新年来临之前，将工钱发到农民工兄弟手中，他带着哥哥遗留在事故车中的26万元，又从银行里取出了自己的6.6万元，再加上母亲拿出来的1万多元养老金，在春节前及时发到了农民兄弟手中。孙水林、孙东林兄弟俩的义举感动了建筑工人们，一位工人动情地说：“真没想到，老板遭遇车祸后工钱还能照样结回来。”安葬孙水林一家五口时，上千人自发前来为这位诚信好人送葬。孙水林和孙东林兄弟俩诚实守信和履行责任的崇高道德精神永远是职业人学习的榜样。

二、要讲真话，坚持真理

诚实守信就是要敢讲真话，坚持真理，敢于与掺杂使假、坑蒙拐骗的行为做斗争，以实际行动来维护诚实守信的道德规范。不做假账是会计人员基本的职业道德准则，但要在实际工作中坚持身体力行，却是非常不容易的。据《检察日报》2002 年 4 月 2 日报道，刘士泉是黑龙江商学院会计系本科毕业生，被山东某医药电子商务公司聘用。上岗后他很快了解到，这个注册资金不过 100 万元、3 月份才领到营业执照的公司，到 6 月份已亏损 40 万元。此时，北京总部召集财务人员，要求给山东公司做出 80 万元的盈利。刘士泉认为这个假账不能做。于是以“自己水平太差”为由主动辞职。2001 年 10 月，他又到山东某大学校办企业工作，这是一个注册资金仅 10 万元的小公司，一直处于亏损状态，但对外宣传却说，公司依托大学技术优势，产品在市场上很畅销。面对这种情况，他干了 3 个月就主动离职了。恰逢山东某企业重组上市，公司刊登广告高薪聘请财务经理、主管会计，在参加笔试的 100 多人中，刘士泉高居榜首，公司确定要他，然而在试用期间，他发现，该公司的财务并不像一个大公司的财务，从手工账来看，存在严重的账账不符、做假账、虚报盈利的问题，该公司却在上海证券交易所顺利上市。2002 年 2 月 22 日，他再次主动辞职。刘士泉这样坚守诚实守信的职业道德准则，是值得称道的，而那些欺骗行为、做假账行为终究要受到法律的制裁和社会舆论的谴责。

三、要真诚相处，宽厚待人

真诚相处，就是在职场中与同事，甚至竞争对手真心真意地相待，不搞虚伪客套，更不搞权谋诈术。宽厚待人，就是对待同事，甚至竞争对手谦和礼让、大度能容，不能小肚鸡肠、斤斤计较。真诚相处、宽厚待人是中华民族善良的品质，也是“友善”这一社会主义核心价值观的具体体现，也是在职业行为中每一个人必须培养和具备的品质。

在现代职场中，人与人之间相处产生一些意见和矛盾是不可避免的，正确处理好这些意见和矛盾，就要讲真诚宽厚，要有宽阔的胸襟。如果心胸狭隘，容不得他人的批评，听不进不同意见，把自己封闭起来，就会脱离集体、脱离群众。要有宽容的品格，只要不是重大的原则问题，就要互谅、互让，多为别人着想，得理也要让人。“宰相肚里能撑船”指的就是这样一种宽宏大度的气概。

2017 年 5 月 20 日晚上，吉林市民马女士卖完麻辣串，骑着三轮车回家的路上不慎擦剐了一辆奥迪汽车，她决定等车主回来给予赔偿。但她等了许久也不见车主，于是记下车牌号回家了，晚上一直牵挂着理赔这件事。第二天一早她就通过交警联系上了车主，马女士见到车主后拿出 1 000 元赔偿车主。车主见马女士如此诚实，敢于承担责任，信守损坏东西一定赔偿的原则，深受感动，一点都没有责怪马女士，婉言谢绝了马女士的赔偿。此外，在了解了马女士的生活处境后，主动为马女士提供了一份工作。马女士感动得流下了泪水。这件事充分说明，奥迪车主与人为善、待人诚恳宽厚的处世态度，同时也正是马女士诚实守信、敢于担责的品德，感动了车主，使其不仅没有接受赔偿，而且主动为马女士提供了工作岗位。

我国流传千古的“将相和”的故事也是一个真诚相处、宽厚待人的范例。战国时期，蔺相如因渑池会盟，在秦王面前为赵王挽回面子，被封为宰相。廉颇是赵国的大将军，屡建奇功，对蔺相如很不服气，就故意找碴儿；蔺相如以大局为重，不予计较。一次，蔺相如在路上遇到廉颇的车马直撞而来，便命随从退至小巷。随从不服，说：“您是宰相，官比廉将军大，怎么这样怕他？”蔺相如笑了，说：“你说廉将军的威风与秦王相比，哪个厉害？秦王的威风我尚且不怕，难道害怕廉颇？秦王之所以不敢侵犯赵国，是因为文臣有我，武将有廉颇，如果我们相争，秦国就会趁机而入。我这是先考虑国家，个人委屈算什么！”廉颇闻知后，非常羞愧，连忙负荆请罪，从此蔺廉二人结成刎颈之交。

这些故事对我们的启示就是，一定要真诚相处、宽厚待人。要做到这一点，就应注重自身的修养，严格要求自己，多看自身的缺点，多看别人的优点，以人之长，补己之短，不断完善自己。

第四节　办事公道　服务群众

一、办事公道

1. 办事公道的含义

在职业活动中，办事公道有以下两层含义。

一是指人与人之间应该平等相待、一视同仁，对顾客或来访者无论高低贵贱，都应该待之以礼，提供优质服务。“坐请坐请上坐，茶敬茶敬香茶”这副对联背后的故事就蕴含了这个道理。相传，一次苏东坡游经莫干山，路过一座古刹，便进去看看。刹中老道看见他衣着平常，容貌一般，就很冷淡地接待，指着凳子说了声：“坐。”接着吩咐道童：“茶。”当与苏东坡交谈后，发现他谈吐不凡，非一般书生，老道就把他迎往大殿，非常客气地说：“请坐！”然后吩咐道童：“敬茶。”等到发现眼前来客竟然是著名诗人苏东坡时，老道打躬作揖，把客人请进客厅，毕恭毕敬地连声说：“请上坐！”特地吩咐道童：“敬香茶。”临别时，老道敬请苏东坡留下墨宝，苏东坡有感老道的前后态度，就不无幽默地写下了上述对联。这个故事给我们的启示是：在职业交往中，我们对人应该不傲不媚，不卑不亢，平等待人。特别是从事服务性行业的人员，更应该在服务接待中做到不以貌取人，无论是操乡音、衣着平常的人，还是谈吐文雅、西装革履的人，也无论贫富贵贱，都应一视同仁，热情服务。售货员，面对花上万元购买商品的人和一次只买几毛钱商品的人，同样周到服务。这就是平等待人，办事公道。孔子有“上交不谄，下交不渎”之论语，说的是与地位高于自己的人交往，不要低声下气；与地位低于自己的人交往，不要傲慢无理。

这也是要一视同仁、平等待人。

二是指在职业活动中，无论职务高低，每个人在工作期间都有自己的职业权力，无论办的事情是大事、中事、小事，都要做到公平、公正、公开。公平即出于公心，平等对待人和事。公正，即公平正义，办事要有公平正义之心。公开，就是办事不隐瞒，让群众监督，让职业权力在阳光下运行，要让办事公开成为常态，不公开成为特殊情况。办事公开，让群众监督是办事公道的前提条件。党的十八大报告指出："推进权力运行公开化、规范化，完善党务公开、政务公开、司法公开和各领域办事公开制度，健全质询、问责、经济责任审计、引咎辞职、罢免等制度，加强党内监督、民主监督、法律监督、舆论监督，让人民监督权力，让权力在阳光下运行。"当然公开也要讲政策法规，比如因工作性质属于国家和事业的秘密，就要按照原则保守秘密。但也要防止出现假借"国家秘密"不公开的情况。社会主义市场经济竞争原则要求的也是公平、公正、公开。企业与企业之间、单位与单位之间在竞争中须讲公平、公正、公开。企业管理者实施监督管理，更应该讲公平、公正、公开，要给所有的员工平等的机会和权利，让员工以自身的实力去参与竞争。公平，就是要平等对待每一位员工，不厚此薄彼，以达到调动每一位员工积极性的目的。公正，讲的就是评价的标准必须合理全面，管理者评价员工的准则应该合法、合乎道德规范，根据企业自身制定的规则应该合理、合乎法律规定。公开，就是要把竞争的规则、标准让每个员工都知道，让每位员工都来参与监督评价。公开实际上讲的就是民主，发动群众进行监督，防止"暗箱操作"、假公济私和以权谋私，以确保公平公正的实现。公开，才有利于调动每一位员工的参与热情和积极性、主动性、创造性。

不仅对于领导者、管理者来说要办事公道，对于普通劳动者和一切职业权力的拥有者都必须办事公道。例如，个体工商户，在经营活动中就要买卖公平，保证质量，不缺斤少两，不以次充好，不欺骗任何顾客，这就是办事公道。

2. 办事公道的做法

（1）坚持原则。指从业人员要敢于坚持真理，按照国家法律法规、党的方针政策、职业纪律和规章制度办事，切实维护国家、集体利益和个人的正当权益。要树立正气，顶住各种歪风邪气，自觉维护行本行业正常的秩序。习总书记在《在中央政治局会议上关于改进工作作风、密切联系群众的讲话》中指出："定规矩，就要落实一些已经有明确规范的事情，就要约束一些不合规范的事情，就要规范一些没有规范的事情。规矩是起约束作用的，所以要紧一点。紧一点自然就不舒服了，舒适度就有问题了，就是要不舒服一点、不自在一点，我们不舒服一点、不自在一点，老百姓的舒适度就好一点、满意度就高一点，对我们的感觉就好一点。"这里指的"规矩"就是原则，定"规矩"就是定原则，就是要坚持原则。

（2）要明辨是非。对什么是真、善、美，什么是假、恶、丑，应该分辨清楚。要出于公心、具有良知和良心，只有这样，办事才能不偏不倚。

（3）排除私心的干扰。办事公道的首要条件是无私心杂念。如果有私心杂念，就很难做到公平、公正、公开。从业人员应做到不徇私情，不谋私利，不怕权势压力。

1）不徇私情。徇私情就会失去原则和公道。如果办事时因为是熟人、同乡、亲戚、老同事、老部下，有碍于情面，对他们的不合理要求容忍、迁就，就很难坚持原则和做到办事公道。人生在世，不可能没有人际间的往来，每个人都有亲朋好友，但是如果遇到要给他们办事时，就不应该抛开纪律和原则，而应该尽量回避。

2）不谋私利。它是办事公道的前提。一个人如果把个人利益放到第一位，是不可能秉公办事的。因此，办事情必须首先从人民的利益出发，不能以自己的岗位权利和职务之便去谋取个人利益，更不能违法去行贿受贿。

3）不怕权势压力。办事有失公道，有时是出于别人滥用职权的压力。得罪了权势，自己会遭殃，个人利益会受损失。这时，从业人员如果有不怕牺牲个人利益的正义感，就会为维护真理而不怕权势的压力，坚持秉公办事。

二、服务群众

服务群众，就是要树立群众观念，关心群众疾苦，为群众谋利益。每个职业岗位上的工作人员都应该通过干好本职工作，尽可能多地创造物质财富和精神财富来回报社会，为群众服务。服务群众应该做到：

1. 优质服务

优质服务是服务质量问题，是服务群众的最佳状态。社会主义职业道德的核心是为人民服务，因此，整个服务业讲服务质量就是要为人民群众提供优质服务。从业人员在服务过程中要树立以人为本的观念，要以服务对象为中心。在服务态度方面，要做到亲切友好，举止端庄。在自身修养方面，要注重提高服务素质，即提高服务质量意识、职业道德、文化素养、服务的专业知识和技能。只有提高服务素质，才能提高服务质量。还要十分重视服务质量管理的作用，只有服务质量标准、服务人员素质和服务环境条件综合发挥作用，才能真正提高服务质量。为人民群众提供优质服务，必须树立服务质量第一的观念，要有高度的职业责任感和全心全意为人民服务的思想。

2. 热情周到

热情周到是服务群众的核心内容之一。在服务行业，热情周到是服务工作者对本职业应有的工作态度，这种态度可以反映出从业人员对工作的热爱程度，对顾客和服务对象重要性的认识高度和遵守职业纪律、职业道德的自觉程度。只要能热情周到服务群众，工作上就不会出现漫不经心、漠不关心、纪律松懈的情况。因此，从某种意义上讲，热情周到是服务人员优良的职业道德综合素质的集中反映。优质服务，热情周到，是相辅相成的。做到了优质服务，必然会热情周到。如果从业人员积极主动、工作热情，处处为服务对象着想，必然会努力掌握服务技能，促进服务质量的提高。

3. 遵守职业纪律

遵守服务行业的职业纪律也是服务群众之必须。如果不遵守职业纪律，就谈不上办事公道和优质服务群众。例如，贪腐的“官员”、搞权钱交易的公职人员、行贿的奸商、暗示要红包的医生、渎职而对学生漠不关心的教师、踢假球的运动员、因受贿赂而“假吹”

的裁判。这些人违反了职业纪律并触犯了法律，往往触怒了群众，还有什么服务群众可言呢？

4. 向先进典型学习

在我国各行各业的职业活动中，涌现出许许多多坚持服务群众的先进模范人物，他们都是我们学习的榜样。北京公共汽车售票员李素丽，一心为顾客，以服务为光荣，真情为他人，二十年如一日。她总是把残疾人、外地人、有特殊困难的人放在心上，多帮他们一把。在服务中融入真情，给无数乘客带来了温暖，树立了热情周到、服务群众的良好形象。李素丽说："用力去做只能达到称职，用心去做才能达到优秀，普通平凡的事情要往好里去做是没有止境的。"她为自己定的服务原则是"礼貌待客要细心，帮助乘客要诚心，热情服务要恒心"。这正是她全心全意为人民服务的真实写照。

于井子是上海普陀区人民医院的护理部副主任，曾获"上海市三八红旗手"标兵、"上海市十大杰出青年"、"全国三八红旗手"、全国女职工先进个人、全国劳动模范、第九届全国五四青年奖章等荣誉。她对待病人的热情服务和无微不至的关怀，真正做到了发自内心，无私奉献。面对护理工作辛劳、琐碎、有被病原体传染的危险，许多同她一起参加工作的同学都纷纷改行，但她坚持下来了，一干就是近 20 年。当她被分配到血液科做护理时，护理的病人中有许多白血病患者。天天面对一个个鲜活的生命逐渐凋亡，一张张被判"死刑"却仍然渴望生命的年轻脸庞，她除了恪尽职守、辛勤护理外，毅然做出了一个决定，加入中华骨髓库志愿者的队伍。她认为只有捐献骨髓才能最直接、最大限度地帮助血液病人，并在 2002 年 6 月和病人骨髓配型成功，在红十字会的安排下为病人进行了骨髓移植。"我只是希望我的捐献可以挽回一条鲜活的生命，作为一个医务工作者，我的责任就是如此"，这是她移植骨髓时的最质朴的想法。2003 年我国发生了"非典"疫情。病疫从我国南方传染到北方，上海也不例外，为应对"非典"，上海正筹建抗"非典"定点医院，于井子作为一名护士第一个就报了名，"我要去参加筹建工作，我一定要走上抗'非典'的第一线"。有朋友问她："你不怕吗？"她回答说："我是一名护士，一名医务工作者，如果我们都因为'怕'这个念头躲在幕后，那么还有谁可以在疾病肆虐的前线保卫生命呢？"她在人民的生命受到疾病侵害和威胁时能够挺身而出，这是全心全意为人民服务的真实写照。由于工作成绩突出，医院还以她的名字命名了"于井子护理小组"。她带领护理小组，深入学习业务技术，开展技术练兵活动，不仅对病患实现生理护理，而且还进行心理护理；建立了医患交流平台，实现了与病人互动；开展了特殊病人的上门护理等特殊社区延伸服务；还带领护理小组总结出"病人入院热心接、病人住院真心待、病人主诉耐心听、病人疑问细心答、病人护理精心做、病人有难精心帮、病人出院诚心送、困难病人留心访"八个"心"字的服务规范，落实在护理工作的全过程。于井子护理小组还提出了这样的口号："我多一份爱心，病人早一天康复。"她的小组干起活来挺快，但是在给病人讲话时却放慢语速，温馨体贴。护理病人责任重大，她经常回到家还心系病人，常常打电话到医院让值班护士关照病人。"护理以人为本、关爱从心出发"，她热情为病人服务表现在她始终微笑面对病人，有一次病区收留了一位患结核性肠炎的病人，因为患者经受了长期的病痛折磨，脾气变得暴戾，性格怪异，年轻的护士都受不了。于是她揽下了护理这位病人的活儿。她为患者灌肠时，遭到了患者的粗暴拒绝和谩骂，这时她一边耐心地轻声劝慰，一边熟练操作。但是患者极不配合，还溅了她一身污秽之物。她顾不上擦洗，继续为患者灌肠。正是她的耐心、真心和微笑感动了这位患者。从此以后该患者非常配合。

于井子爱微笑服务，正是她发自内心地对患者关怀、用心服务和无私奉献才赢得了人民群众的赞扬。

第五节　以身作则　奉献社会

以身作则，就是要从自己做起；奉献社会，就是向社会做出奉献，而不是向社会索取。以身作则、奉献社会是职业道德行为规范对从业人员最高的要求。

以身作则、奉献社会的突出特点在于：一是体现了从业人员自觉自愿、无私无畏为社会做贡献的人生态度，以为人民服务为乐的精神；二是体现了从业人员为祖国、为人民竭尽全力，甚至不惜牺牲生命的社会责任感。以身作则、奉献社会是职业道德的最高境界。

2008年6月2日，在汶川大地震的抗震救灾中，成都军区某陆航团邱光华机组执行艰巨任务，在复杂的地理环境和局部难以预测的多变气候条件下飞机失事，机组人员全部遇难。他们是机长邱光华、副驾驶李月、机械师王怀远、机械师陈林、二级士官张鹏。失事机组5名英雄在此次抗震救灾任务中表现突出，自5月12日汶川大地震发生以后，该机组积极完成在复杂地理、气象环境条件地区抢运受伤群众和运送救灾物资的任务，共飞行63架次，运送救灾物资25.8吨，运送救灾人员87名，转运受灾群众234名，其中因灾受伤人员54名，多次出色地完成了任务。在执行任务中，他们不怕困难和牺牲，直至奉献出自己的生命。

王文珍现任海军总医院护理部总护士长，先后荣获二等功、三等功各1次，受到各级表彰嘉奖20多次，荣获全国"三八红旗手"荣誉称号。作为一名护理工作者还荣获国际护士的最高奖项——"第42届国际南丁格尔奖"。自大学毕业她就被分配到海军总医院工作，不久被分配到最艰苦的急诊科担任护士，一干就是22年。她始终把病人当亲人看待，在她心里始终有这样一个准则："他是病人，我就是他的亲人。"她是这样说的，也始终是这样做的。一次一位跳楼自杀的艾滋病患者，送到医院已经生命垂危。当王文珍为这位病人吸痰时，被病人的呕吐物喷了一脸，她不顾被传染的危险，仍然奋不顾身地继续为这位患者紧急处理，终于使这位病人恢复了意识。这位病人在急诊室观察治疗的20多天里，她为病人洗头洗脸，剪指甲，刮胡子。病人出现排便障碍，她还戴上手套为病人掏大便。病人出院时泣不成声地对她说："自从得了艾滋病，连许多亲友都有意疏远我，而您却一直悉心照顾我，真想叫您一声姐姐！"

2003年，在抗"非典"的战斗中，王文珍冲锋在第一线，亲自为已经传染了3个人的一位重症病人护理。这位病人被隔离后情绪低落，甚至想轻生。王文珍不仅精心护理，还鼓励和开导病人，增强了病人战胜病魔的决心。病人在她的悉心照料下，很快恢复了健康。他在出院时对王文珍说：“王护士长，没有您耐心细致的思想工作，没有您不弃不舍的鼓励，我挺不到今天，活不到出院。”王文珍被誉为患者的“提灯女神”。

2008 年汶川大地震发生后，王文珍第一时间请求参加医疗队，第二天她作为医疗队的护理主任，与队友奔赴绵阳北川地震重灾区。他们是第一支抵达北川的医疗队，第一支承担专列千里护送伤员的医疗队。到达震中后，他们连续工作 60 多个小时，展开生死大营救，历尽艰辛。

2010 年和 2011 年王文珍先后两次随“和平方舟”医疗船，赴亚丁湾海域的亚非五国和大西洋海域的拉美四国开展人道主义医护救助。

从以上事例中，我们看到了社会主义建设中许多先进人物以身作则，以大爱无疆、无私奉献的精神奉献社会，他们永远是所有从业人员学习的榜样。

第六节 勤奋学习 开拓创新

一、勤奋学习

勤奋学习是职业道德的必备条件，只有勤奋学习，努力提高自己的科学文化知识水平和业务水平，提高就业能力、工作能力和职业转换能力，才能适应所从事职业的需要和社会发展的需要。

1. 勤奋学习是通向成功大门的途径

通向成功的大道没有捷径可走，只能靠勤奋学习和工作。“天道酬勤”“勤能补拙”“业精于勤”这些格言、警句讲的就是这样一个道理。

我国著名数学家华罗庚由于家境贫困，上完初中后，在上海的一所职业学校只读了一年书就不得不辍学了。面对生活道路的坎坷，他并没有屈服，而是迎难而上。他刻苦钻研数学，不断撰写学术论文，20 岁时便在上海《科学》杂志上发表了论文《苏家驹之代数的五次方程式解法不能成立之理由》，纠正了大学教授的一个错误。这篇论文受到数学界的重视，清华大学数学系教授熊庆来把他请进清华大学任教，从此华罗庚更加勤奋地钻研，取得了许多研究成果。其中，他把“优选法”广泛运用于生产实践中，为社会经济带来了巨大的效益。有人问华罗庚，你是怎样从一个中职生成长为大数学家的，华罗庚写诗答道：

发白才知智叟呆，埋头苦干是第一。
勤能补拙是良训，一分辛苦一分才。

这首诗是华罗庚在数学领域辛勤耕耘的真实写照。香港《大公报》以《弄斧到班门》为题发表采访华罗庚的文章，华罗庚谈到了自己的治学观点：“下棋找高手，弄斧到班门，这是我一生的主张。拜能者为师，有机会就学。我没有什么诀窍，就是自己承认差点，工作加油点。”

学习须勤奋，工作不畏难才能出成果。正如马克思所指出的：“在科学上，没有平坦的大道，只有不畏劳苦沿着陡峭山路攀登的人，才有希望达到光辉的顶点。”

2. 要树立终身学习的观念

随着迈入21世纪，一个学习化的社会已经到来，置身于学习化社会的每一个人，都要树立终身学习的观念。联合国教科文组织在20世纪70年代初关于《学会生存》的一份专项报告中就明确指出，每个人必须确立终身学习的观念。所谓终身学习，就是要活到老学到老，不只把学习看作是学生时代的事，在工作、生活中都要持之以恒地学习。我国战国末期的思想家荀子说过：“学不可以已。”“已”是停止之意，这句话的意思是说学习不能停止。在古代是如此，到了现代社会，知识更新速度更快，这就更要求从业人员与时俱进，不停学习。以计算机为例，20世纪80年代末90年代初开发的许多计算机软件都已被淘汰，当时所学的计算机知识现在已经没有什么用了。我国加入世界贸易组织，各行业的从业人员都有许多新知识需要学习，只有学习新的知识才能适应经济全球化的竞争要求。在生产实践中，产品不断更新换代，新技术、新设备、新材料、新工艺层出不穷，如果不学习，仅凭掌握的一点生产技术知识，很快就会落伍。特别是由于社会主义市场经济的飞速发展，一个人一生中可能要多次变换工作岗位，要从事新的工作，就得不断学习；否则，就不能适应新的社会环境、工作环境和生活环境。

3. 要注重学习方法

掌握正确的学习方法，就能提高学习效率。学习的方法有很多，有些方法适合于自己，有些不适合于自己。要注意归纳出适合于自己的学习方法。一般来说，主要的学习方法有：

（1）观察法。它是调动自己眼、耳、鼻、舌等感觉器官，对要学习、操作的事物进行细心琢磨、分析，得出有效的信息和方法。

（2）专心致志法。即提高注意力，学习时精神集中，不分心。

（3）增强记忆法。记忆方法大致有重复记忆、及时复习记忆、形象记忆、抽象记忆、联想记忆、动作记忆、情感记忆、意境记忆等。记忆在学习知识技能时是非常重要的。在某种意义上重复记忆与及时复习记忆就是在和自己的遗忘做斗争。遗忘，是一种正常的生理现象，它往往和学习有用的知识发生矛盾。为了使自己对所学的有用知识保持较好的记忆，就必须和遗忘做斗争。从心理学角度讲，对刚学的知识，在10个小时内就得复习，此后每隔一天要复习一次，记住后3~5天又要复习学习过的知识，直至巩固。孔子曰：“学而时习之，不亦说乎？”意思是学习一种知识之后，要经常熟习它、实践它，从而就能体会到掌握这种知识的快乐。孔子还提出了学习中要“温故而知新”。“温故”指的是温习过去所学过的知识，这就是巩固记忆的过程，在温习、巩固所学知识的基础上还能获取新知识。这些学习方法都值得我们借鉴。

此外，在学习中，还有归纳法、演绎法、实验法、实习操作法等可以运用。

4. 培养自学能力

善于自学，是学习化社会中最有效的学习方法，也是治学的法宝。

一个人的一生，大部分时间不是在学校里度过，不是天天有老师陪伴，而是在工作。也许在工作中最困难、最需要向老师请教时，却没有老师在身旁，这时最有效的方法就是自学。自学也是一种能力。自学就是自己积极主动地学习知识，增长见识，学习技能，积累经验。培养自学能力的方法有以下四点：

（1）明确目标。自学目标有长远目标、中期目标、短期目标、项目或课题目标。可以根据不同的目标制订不同的学习计划，分阶段阅读不同的文献资料。

（2）借助学习工具。要善于选书、读书。准备必要的字典、专业词典，善于上网查询资料，到电子图书馆阅读、收集信息等。

（3）好问多问。即虚心向有经验的人求教。孔子说：“三人行，必有我师焉。”只要放下架子，就会发现周围有各种各样的老师。只有学习众人之长，补己之短，才能使自己有所长进，知识技能水平不断提高。

（4）利用好社会教育资源，如借助社会为人们提供的各种类型的成人学历教育和职业培训来提升自己。在成人学历教育方面，有电大、职大、高等教育自学考试、各类成人高等职业教育和中等职业教育；在职业培训方面，有各种各样满足不同职业需求和转岗需求的职业资格培训和职业技能鉴定辅导。借助这些学习条件，自学会取得很好的效果。

二、开拓创新

人类从结绳记事到电子计算机，从烽火报信到网络通信，从纪昌学箭到原子弹、导弹，从直立行走到汽车、火车、飞机、宇宙飞船，从活字印刷到激光照排和彩印，无一不是创新的推动，人类的文明史就是一部创新史。“创新是一个民族进步的灵魂，是国家兴旺发达的不竭的动力”，也是做好各项工作的重要条件。要把各行各业的事业推向前进，就要在传承文明的基础上开拓创新。

1. 树立开拓创新的观念

创新是指抛开旧的、创造新的，首创前所未有且具有社会意义的事物的活动。它包括想出新方法、提出新思路、提供新服务、建立新理论、设计新产品、采用新技术和新工艺等。创新的观念是敢想敢做的创新意识、创新觉醒的心理状态，是人在社会实践过程中勇于冲破传统观念的束缚，积极探索、开拓进取的个性品格。如果没有创新的观念，认为创新只是天才的事，是少数发明家的事，那么在工作中肯定不会有创新。无数事实证明，许许多多的发明创造、技术革新成果是广大劳动者在自己的工作实践中探索出来或实验成功的。“处处是创造之地，天天是创造之时，人人是创造之人。”这是教育家陶行知对创造的理解。法国著名作家罗曼·罗兰认为：“生命的第一行动是创造。”美国著名心理学家特尔曼毕生致力于观察智力超常的儿童的成长情况，他选择 1 528 名智商超过 130 的中小学生，对他们进行了长达半个多世纪的追踪。研究结果表明，智力与成就并不总是成正比。有才能、有成就的人常常不是老师和家长认为十分聪明的孩子，在男性被调查者中，成就最大的20%和成就最小的20%的明显差别不在于智力的高低，而在于个性品格的不同，所以说智力对人生的发展与成就也许是最基本的条件，却不一定是最重要的，也不是唯一的条件。严谨、有进取心、坚定自信、不屈不挠、富有想象力等品质对于一个人走向成功更是至关重要的。挪威盛产沙丁鱼，但是，过去人们几乎吃不到鲜活的沙丁鱼，因为这种鱼被捕捞上来就养不活，然而有一个渔民做了仔细地观察研究之后，想出一个办法——在储鱼的鱼槽里放入几条鲇鱼，鲇鱼在鱼槽中游动起来，沙丁鱼受惊后也被迫游来游去，从而延续了生命，成功地让消费者吃上了鲜活的沙丁鱼。只要每个从业人员在自己的本职工作中做开拓创新的有心人，就有可能成为发明家。

2. 善用开拓创新的方法

开拓创新有其内在的思维规律和基本方法。从业人员在从事的职业活动中，要善于锻炼创新思维，积累开拓创新的方法。下面介绍几种可以运用的创新方法。

（1）综合法。指把不同领域的技术巧妙结合，从而产生新产品或增加新功能的创新方法。例如，英国科学家1972年发明的X光计算机断层扫描技术，融合了传统的X光技术、传感技术、计算机技术和电信号处理技术，成为医学影像诊断技术发明的经典之作。再如，法国妇女玛丽在烹饪中发现有些汤菜在烧制和食用时需要控制温度，否则影响口感或烫伤口腔。她由此想到要有能显示温度的勺子就好了，于是利用勺子和温度计，做成了带有温度计的勺子（在勺子内开槽并固定一个温度计），获得了法国专利。

（2）类比法。即用已知物体的特性和功能来与所要发明的物体相比较，从而获得新发明的方法。福特汽车流水装配线就是用类比法创造出来的。20世纪初美国的屠宰场已经采用了流水生产线的方式生产，福特在参观屠宰场时，看到生产线上的动物尸体正在被分类肢解。他由此而产生联想并逆向思维，把拆分线变成装配线，开始在汽车引擎中磁电机部分做试验。采用装配线后，原来每个工人平均需要20分钟才能装好一个部件，现在只需13分10秒，一年以后仅需5分钟。1913年福特公司全部实现了汽车流水装配线，大大提高了工作效率，不久福特把所生产的汽车价格降低一半，极大地提高了市场竞争力。现在的电视机、冰箱、烤箱、啤酒等都是在流水生产线上完成的。可见，福特汽车流水装配线的革命为人类做出了多么大的贡献。类比法中最重要的方法是仿生法，如蝇眼照相机、潜水艇等。

（3）从科学发现到技术发明创造，如从通电导体在磁场中受力到电动机发明，从电磁铁到电磁起重机的发明，这类发明对于知识的要求较高。

（4）探索与试验相结合。爱迪生发明的白炽灯，为了找到合适的灯丝材料，做过1 000多种材料的试验，失败过上万次，最终才获得成功。

（5）改进性发明。即在已有发明的基础上进行改造，以获得更好效果的发明。改进性发明，特别适合技术革新、技术改造。我国山东省枣庄市农民发明家王明安是个普通的农村青年，辍学后，自学了高等数学、物理学、机械制造学、热能工程学、铸造学和金属加工切割工艺学，干过钳工、车工、焊工、木工。他在科技理论和技术实践之间摸爬滚打，1987年他获悉全国铸铁散热器普遍腐蚀严重的信息后，决心研制耐腐蚀散热器。他的想法得到清华大学和有关科研单位的大力支持，他在自己的铸造厂中经过两年的多次试验改进，终于设计出了“钳制扁管新型散热器”，取得了巨额经济效益，并在1992年布鲁塞尔尤里卡国际发明博览会上获金奖。王明安的这一发明就是典型的改进型发明。

(6) 意外的发现发明。即由于某种意外的发现而获得的发明，也称灵感发明。例如：诺贝尔发明的安全炸药、硫化橡胶；牛顿通过树上掉下的苹果发现万有引力；我国古代火药的发明就是道士在炼丹的过程中偶然发现的。

创新、创造发明、发现的方法还有许多，有些方法需要在工作实践中不断探索和积累。

善用开拓创新方法的过程，是锻炼创新思维的过程。创新思维有发散思维（即联想思维）、质疑思维、横向思维（一种想法行不通时，要及时变换思维方式）、形象思维、灵感思维、互动思维（即集思广益）等。只有注意锻炼创新思维，才能提高创新能力，积累更多的创新方法。

3. 养成开拓创新的意志品质

树立了开拓创新的观念，掌握了开拓创新的方法，还要培养开拓创新的意志品质。开拓创新的意志品质主要有：勤奋、严谨、自信、坚毅、恒心、勇敢、积极进取、专心致志、大胆想象、沉静与激情的结合、创造性思维与批判思维结合。古今中外许许多多的科学家、发明家都具有这样的开拓创新的意志品质。我国著名科学家袁隆平就是其中最杰出的一位。

袁隆平毕业于西南农业大学，后来在湖南一所农校教书。1960—1962年我国的困难时期，他带领二十几名学生下乡劳动锻炼。当时大家过的日子非常艰苦，一天的粮食不够一顿吃。袁隆平心里暗自琢磨，自己是学遗传选种专业的，如果能选育出一个好的水稻品种，亩产千把斤，大家就不会饿肚子了，面对艰苦的生活而产生的“异想天开”的念头，不知不觉把他带上了一条艰难的杂交水稻研究的科学道路。他终日在茫茫稻海中寻觅天然雄性不育株。他赤着脚在水田里，顶着烈日，冒着大雨，坚持不懈地到处寻觅。他的一位学生这样评价他：“他就是一位老农，和其他老农不同的是他会讲一口流利的外语，能带领学生搞科研。当他手拿着放大镜专心致志地观察时，一只只蚂蟥沿着他的小腿爬上来吮血，而他却全然不知。”袁隆平收集了近万株稻穗，细致地观察、分析，终于万里挑一找到了一棵雄性不育株。接着，他又带领助手数十次南下海南岛，在那里经历了成千上万次的实验与失败的考验，终于完成培育工作。袁隆平杂交水稻推广后，一年所增产的稻谷，就相当于我国全年粮食总增产量的1/3，平均亩产从357千克提高到500千克以上。专利转让到美国后，这一杂交水稻比当地水稻增产50%。目前，杂交水稻已被日本、印度、巴西、阿根廷、埃及、西班牙等十几个国家引种，成为世界公认的优良品种。袁隆平也被誉为“绿色王国的瑰丽宝石”“杂交水稻之父”，荣获了国家特等发明奖、联合国世界知识产权组织颁发的发明创造奖等。

三、向新时期勤奋学习、开拓创新的榜样学习

我们所处的时代是英雄辈出的时代，特别是近几年来，在我国技能人才队伍中涌现出

许多值得学习的楷模。2006年，原劳动和社会保障部、教育部、国防科工委、国资委、全国总工会、共青团中央、全国妇联七部委决定在全国范围内对高技能人才楷模进行宣传，按照这一决定编写了《中国高技能人才楷模事迹读本》，书中记述了10位楷模的成长经历和突出贡献，从中可以看出，这些楷模都有着在平凡岗位上刻苦学习知识、技术的艰辛历程，都有着勤于思考、勇于创新、成功解决大量复杂技术难题的非凡业绩。他们不愧为勤奋学习、开拓创新的楷模。

以广东省技术工人的先进典型罗东元为例，他在全国冶金矿山铁路运输领域，十几年来共完成大小革新项目120多项，其中两项获国家实用新型专利，6项重大核心技术已达到申报国家发明专利的等级，有5个技术进步项目通过省级成果鉴定，5项发明大范围成功运用于生产实践中，解决了我国工矿企业铁路自动控制领域普遍存在的重大难题。他为国家节省投资已超过3 000万元，其技术创新的重大意义在于，大幅提高了铁路运输效率，确保了运输安全，促使全国冶金工矿企业铁路运输系统率先完成了“调度指挥信息化、自动控制微机化、牵引动力内燃化、车辆和重要区域路轨重型化”的进程。罗东元自1994年到2005年，先后5次被省、全国冶金行业、国家授予劳动模范称号；1995年被评为广东省十佳技师，同年被评为全国技术能手；1996年被评为广东职工读书自学活动积极分子；2000年荣获中华技能大奖。这些成绩的取得，来自这位普通工人的长期勤奋努力。他坚持白天工作，夜里读书。通过努力学习，熟练掌握了钳工、焊工、管工、油漆工等多工种技能，还精通自动控制等电气理论。在实际工作中还干过铁路连接员、扳道员、货运员等多个工种。1988年韶钢举办“钢花杯”电力知识大赛，许多工程师、技术员参加了角逐，他一鸣惊人，以超出第二名20多分的优异成绩一举夺得冠军。这个结果令众多评委不相信，让他当面重考，结果让所有评委信服。在工作实践中，他发现我国在吸收苏联、美国、日本技术基础上开发的6502电气集中自动控制系统，其结构复杂，掌握难度大，不能满足地方企业铁路运输的需求，于是大胆提出建立一套工矿企业型自动控制系统。在领导的支持下，他独立提出了设计方案，亲自组织6个工程组施工，克服了重重困难，终于使这一庞大的系统工程成功投入使用，这是我国自行研制的第一个工矿企业型自动控制系统，比原来的系统节约60%的资金，电路灵活，操作方便。在一次韶钢企业内火车与汽车发生相撞的事故中，罗东元受到启发，成功研制出“电子式铁路平交道口自动报警装置”，在厂区21处平交道口推广应用，有效地解决了火车通过道口的预警问题。针对韶钢6502电气集中自动控制系统运行过程中，轨道电路经常漏电影响系统正常运转，而且隐患不易查出的情况，他自行研制了“25/50 Hz轨道故障侦探仪”，大大提高了工作效率，确保了设备的正常运行。他的这两项发明填补了我国在工矿企业铁路道口预警和轨道电路漏电检测的空白。罗东元的这些重大技术创新，是他长期坚持勤奋学习，努力开拓创新的结果。

《中国高技能人才楷模事迹读本》中的其他高技能人才也都像罗东元这样刻苦学习、开拓创新。我们应当以他们为榜样，努力修炼、刻苦学习、开拓创新，以实现自己的远大抱负，为社会和人类多做贡献。

第七节 精通业务 技艺精湛

精通业务，技艺精湛，这是从业人员基本职业道德在业务技术水平方面的重要表现，也是从业人员基本职业道德规范的一项重要要求。不懂业务，不具备过硬的专业技术技能，即使有完成好工作任务的良好愿望，也是不可能实现的。已故的国家副主席宋庆龄说过："不管你预备走哪条路，顶顶要紧的是先要为自己做好准备，你不能赤手空拳地开始你的行程，你必须用知识把自己武装起来。"从业人员所要掌握的知识与技能，主要是业务知识和技术技能。要求从业人员对业务知识应努力精通，对技术技能力求达到精湛。

一、精通业务、技艺精湛的含义

21 世纪是知识经济的时代、信息的时代、质量的时代，各个职业领域的科技创新都在迅猛发展，对从业人员的素质要求也越来越高。就精通业务而言，从业人员对业务技术的掌握有"知、会、熟、精"四个不同的层次。"知"是指对专业知识的一般学习和了解，属学徒阶段。"会"是指对职业工作的要求都能掌握，能操作。达到"会"的程度，才能基本独立工作。"熟"就是熟悉、熟练。"熟"比"会"又进了一层，是实现技艺精湛的过渡阶段，精湛的技艺就是在熟练的基础上产生的。"熟"表明对本职业工作的知识技能掌握得好，有独到的体会和较多的经验积累。"精"即精通。这是对技术技能在非常熟练基础上的更高要求。精通业务的技术工人不仅要求能独立工作，生产出高质量的产品，而且在工作中要有所创新，要传授技术技能给他人。

技艺精湛就是技艺精深，指技艺达到了相当的高度。一个技艺精湛的印染工人，可以用眼睛分辨出 40 余种不同色度的黑色，从而使印染的色彩达到精确、精美。一个具有"火眼金睛"的炼钢炉前工，能够用眼睛精准及时地目测出钢水温度（火候）。体操世界冠军李宁、乒乓球世界冠军邓亚萍、射击世界冠军王义夫等一大批优秀运动员、教练员，他们的体育专业技艺都堪称精湛到极致。历涛用 1 千克面粉，制作并拉出 2 097 152 根面条，累计长度为 2 852 千米，相当于从北京到新疆哈密市的距离。历涛拉出的面条细如蛛丝，根根不断，一个针眼可穿入 18 根面条，这也是技艺精湛的典型。

中国高铁体现了中国速度，而确保中国高铁高速前进的是一大批技艺精湛的优秀技术工人，宁允展就是其中的代表之一。他是高级钳工、首席研磨师、我国首位从事高铁列车转向架"定位臂"研磨的技术工人。"定位臂"的接触面不足 10 平方厘米，留给人工研磨的空间只有约 0.05 毫米。宁允展利用钳工扎实的基本功和高超的研磨技术，潜心刻苦钻研，终于攻克了技术难关，达到了近乎苛刻的技术标准。为了实现批量生产，他又不断改进工艺技术，反复试验总结出"风动砂轮纯手工研磨操作法"，这一研磨法不仅使研磨效率提高一倍以上，还大大提高了产品质量。他的这项工艺绝技，确保了高铁动车组转向架制造的产量和质量。他的精湛技艺展现了工匠精神的风采。

精通业务、技艺精湛正是大国工匠精神的具体体现。工匠精神体现了一个普通劳动者对职业的热爱和执着追求，在工作中一丝不苟、耐心专注、严谨求实、精益求精，一生追求极致、至善至美。这就是劳动者不断完善职业能力和技术技能的道德体现。

二、如何做到精通业务、技艺精湛

1. 专心致志

陈毅元帅说："学习专业要专心致志，废寝忘食，有一股傻劲，对自己的专业要有兴趣，钻进去，搞它十年八年，搞它一辈子，才能有成绩。古时候的大学问家在学习上都是有这种专心致志精神的。"我国古代的大学问家有教育家孔子、爱国诗人屈原、著有《史记》的司马迁、发明地动仪的张衡、撰写《本草纲目》的李时珍等。以李时珍为例，他自幼好读书，继承祖传医业，对医书无所不读，精通医家《本草》。他发现书中不少缺点，有的药物名称重复，有的两种药物混为一种，有许多新药没有收录。他在长期钻研的基础上，决心重新编撰一部新的《本草纲目》。他专心致志，潜心研修整理，参考历代医药记载，阅读书籍800余种，并深入实际，到深山野岭采集百草，品尝药草以试验药性、药效，核定历代药书记载的正误，请教农民、渔民、樵夫、药农、民医，历时27年，三易其稿，著成《本草纲目》。除收录原有诸家《本草》所载药物1 518种之外，还新增药物374种，纠正了古代本草书籍中药名、品种、产地等一些错误。这部著作为祖国医药学留下了一份珍贵的遗产，为中国和世界药物学的发展做出了重大贡献，成为一部不朽的著作。李时珍这种专心致志、废寝忘食、刻苦钻研的精神，就是精通业务技术需要发扬的精神。

2. 精益求精

在《庄子》中记载了庖丁解牛的故事。庖丁就是对技术精益求精、技艺精湛的人。他为梁惠王杀牛，手所触，肩所靠，足所踏，膝所抵的动作非常好看，刀到之处发出的声音犹如音乐，肢解牛体时动作如跳舞。梁惠王看得入了神，赞不绝口，问庖丁："解牛的技艺为什么如此神妙？"庖丁回答：刚学解牛时看到的是全牛，经过苦心探索，三年后发现牛已经不是全牛了。他完全熟悉了牛的经络骨骼。现在去解牛，已经不须目视，而全靠精神去体会、感知。解牛时刀刃在筋骨骨缝间运行，显得还大有余地。他还进一步指出，好的解牛师傅，使用的刀一年一换，一般的解牛师傅其刀一月一换，这是以刀砍骨，刀当然易坏，而他自己用的那把刀已经历了19年，解了数千头牛，其刃仍然很锋利。庖丁精湛的解牛技巧说明，钻研技术要精益求精，对技艺的精妙之处要用心体味，达到心领神会的境界，最终实现游刃有余。

"焊接巧匠"高凤林，是航天科技集团公司第一研究院特级技师，全国十大能工巧匠，中华技能大奖获得者。在火箭焊接工作岗位上，刻苦钻研，大胆创新，实现技术革新几十项，提出和创造多层快速连续堆焊机械导热等多项新工艺方法，攻克运载火箭发动机大喷管焊接难关，高标准地完成多种运载火箭重要部件的焊接任务。他从一名技工学校的学生到一名普通的焊接工人，再把自己锻炼成为一名杰出的高技能人才，付出了超过常人的艰辛。航空、航天设备制造中的焊接技术是包含气体保护焊、电磁脉冲焊、各种高能管束焊等几乎当前全部的焊接技术，其中火箭发动机制造中的焊接技术又是全部焊接技术运用的顶峰。高凤林在火箭发动机焊接技术领域是刻苦学习、努力钻研、对技术精益求精的典范，他以精湛的焊接技术技能，取得了一系列火箭焊接效能的新突破。其突出的成绩主要有以下七项：

一是 1983 年，在“长征三号”火箭发动机燃烧室研制工作中，提出从改善材料或焊接的应力着手，成功解决了火箭发动机燃烧室尾部焊缝的冲压断裂问题。

二是 1989 年，在承担亚洲最大的火箭振动塔核心焊接任务中，根据多年的学习和实践经验提出全新的通过控制温度来完成焊接工艺的焊接方案，最终取得成功。这座振动实验塔经过 10 年的时间检验，在压力强度的升级测试中，承载了超过设计性能 60 吨压力测试，创造了我国航天科技发展中焊接技术的奇迹。该项焊接工程获得了原航天工业部科技成果一等奖。

三是 1990 年，在长三甲子级发动机研制因焊接受阻的情况下，大胆提出尝试改变传统焊接工艺，并亲自焊接，终于取得圆满成功，后来总工程师将解决这一难题的方法称为“发明”。

四是 1991 年，带领一个由科技精英组成的焊接团队，承担长三甲子级发动机螺旋管束式大喷管的焊接任务。这项任务的关键在于，焊接的火箭发动机管束式喷管不能发生一丝泄露，否则将导致发动机爆炸。而每个喷管是由数百根方管排列组成的，要实现良好的对接，在极薄材料上施焊时间必须控制在 0.1 秒之内，否则方管不是被烧穿就是被漏焊，出现任意一种情况都意味着失败。高凤林带领焊接小组，刻苦攻关，最终取得了胜利，达到了航天领域的焊接巅峰。同年，他还在解决将火箭发动机喷管和发动机机身上的法兰盘焊接起来这一困扰了发动机研制人员整整 4 年的难题方面，大胆革新，采用新方法，攻克了难关，荣获了国家科学技术进步奖二等奖。在这个项目上他还发表了《长三甲子级螺旋管束式大喷管焊接攻关》科研论文。

五是 1993 年，他采用气托内保护技术，使焊缝不产生渣化下塌现象，解决了某型号火箭发动机隔板经常出现缩裂、堵塞、透视检验不合格的难题，获得合理化建议一等奖。

六是 1996 年，他采用气保护双面成型焊接，攻克了火箭发动机试车振动中头部中心肋焊缝开裂的难题，再度获得合理化建议一等奖。

七是 2000 年，他突破理论禁区，在国家 863 预研项目大推力氢氧发动机燃烧室的焊接攻关中，解决了 4 种不同材料对焊的难题，达到了在高压高温环境下所有焊缝必须保证一级的要求，创立了机械控制、操作、气体流量比选择等一整套工艺方法，使焊缝一次合格率达到 100%。

高凤林在焊接领域取得的成就还有许多。所有这些都是他长期坚持学习、努力钻研业务、不断创新工艺技术、对技术精益求精的出色表现，他的精湛操作技艺和优良职业品德是我们学习的典范。

3. 勤学苦练

“业精于勤”，这几乎是所有取得事业成功者的体验。我国著名画家齐白石，1955年荣获国际和平奖。他创作的作品深受世界人民欢迎，赢得高度评价。他在艺术创作的道路上，几十年如一日，勤奋不懈，即使在八十岁高龄时，还每日坚持挥毫作画，真不愧为勤奋的楷模。齐白石常说：“天道酬勤。”他在总结自己的成长史的时候说：“由木匠而雕石匠，又至画匠，直到如今，靠卖画为生，略有一点成就，用一句话概括，就在一个‘勤’字。”勤学苦练是精通业务技术的必备条件。

中国航天工业集团沈阳飞机工业（集团）有限公司钳工高级技师方文墨就是中国工匠精神——勤学苦练的典范之一。他把加工的零部件的误差缩小到0.003毫米，相当于头发丝的1/25，超过了数控机床所能加工的精度，中国航空工业集团自豪地将这一精度命名为“文墨精度”。他25岁成为技师，29岁成为技能专家。钳工工作又苦又累，枯燥乏味，但为了练就一身绝技，他从学生到工人，始终坚持训练“站桩”基本功。“站桩”非常艰辛，他几乎把所有的时间都用来练功。有同事劝他，“大墨，别装了，咱再怎么练也不就是当个工人吗?”听了这话，方文墨总是认真地说：“我就是当工人的料，但我要当最好的工人，做中国最好的钳工!”为了确保自己手掌对加工部件的敏锐触觉，他还每天坚持用温水浸泡双手20分钟，以去掉因干活而长的茧子。为了使手不受伤，忍痛远离了自己喜爱的篮球运动。正是他的执着追求，勤学苦练，才创造了高精度、高质量、高效率的奇迹。

勤奋的反面是懒惰。懒惰是勤奋的大敌，也是成就事业的大敌。富兰克林说：“懒惰像生锈一样，比操劳更能消耗身体；经常用的钥匙总是亮闪闪的。”要做到精通业务、技艺精湛，必须同懒惰做斗争。

4. 一专多能

一专多能是指在精通一门专业技术或一个职业的基础上，应该旁通相关的职业技术技能，甚至多学一至两门专业或技术。俗话说：“学会游泳多条命。”这是针对不会游泳的人而言的。一专多能就包含这个道理。在知识经济时代，科学技术飞速发展，知识和技术更新换代非常之快，如果不坚持学习，随时注意本职业的动态与变化，满足于单一知识技能，就难以适应社会，适应变化了的情况。要做到一专多能，就应有比较宽厚的基础知识（如语文、数学、外语、计算机的基本知识）；在专业知识方面，应尽可能学习复合型专业，即多种技术组合在一起的专业。例如学习形象设计专业，可学习化妆技术，美容技术，发型设计技术，着装与人的气质、职业的协调配置技术，化妆品的鉴别技术等。精通其中一门，旁通其他技术。学成后就可以从多条途径实现就业。例如，可到美容院、发型店工作，或者到电影厂、电视台当化妆师或人物形象设计师，到演出团体、影楼当化妆师等。总之，只有一专多能才能适应当今社会的发展。此外，还要树立终身学习的观念，活到老，学到老，才能永葆知识的活力。

精通业务、技艺精湛，一方面可以实现自我的人生价值，另一方面更重要的是能为社会生产出高质量的产品，为人民群众提供优质服务，实现个人职业劳动的最佳效益。

第八节 讲究质量 注重信誉

讲究质量、注重信誉是社会主义职业道德最重要的规范之一。质量是产品、建设工程、服务行业的生命，也是信誉的先决条件，是我国社会主义市场经济与世界经济接轨之后企业立于不败之地的决定因素。

一、质量的含义

质量是“反映产品或服务满足明确或隐含需要能力的特征和特性的总和”。简单地说，所谓质量，一是必须符合现行规定的要求，二是要满足用户的期望。按行业质量来区分，质量包含产品质量、建设工程质量和服务质量三类。

产品质量是指产品满足人们在生产及生活中所需的使用价值及其属性。它们体现于产品的内在和外观的各种质量指标。

建设工程质量是指建设工程适合于某种规定的用途，满足人们要求所具备的质量特性程度。建设工程包括路桥、铁路、港口、建筑等工程。

服务质量是指工作人员、服务人员所提供的工作和服务所达到的规定标准与完善程度（工作人员指的是从事产品生产、工程建设的人员，服务人员指的是从事服务业的人员）。

二、讲究质量、注重信誉的重要意义

1. 质量是文明与进步的重要标志

百年大计，质量第一。这是从事社会主义经济建设的一句口号，也是每个从业人员必须遵守的职业道德重要准则。质量代表着先进文化。世界著名的管理专家桑德霍姆说：“质量是打开世界市场的金钥匙。”世界进入经济全球化以后，有人把全球竞争的加剧比作“正在进行着的”“第三次世界大战”。的确，这虽不是一场使用枪炮的流血“战争”，但却是一场经济竞争大战、世界贸易大战，而这场“战争”制胜的武器就是质量。谁赢得质量，谁就掌握了这场“战争”的主动权。质量关系着国家的命运、民族的未来，质量的管理水平关系着行业、企业的兴衰，关系着人民生命财产的安全。我国是文明古国，具有悠久的文明历史和传统文化，自古以来就非常注重质量。例如河北的赵州桥，建成至今已有1 400年，历经地震、洪水、自然力的破坏，以及交通的影响，现在两边桥基下沉水平差仅5厘米左右，被赞誉为：“坦平箭直千人过，驿使驰趋万国通。”一座高质量的建筑，一座高质量的大坝，一座高质量的大桥，就是一座历史的丰碑，千古流芳，永远为世人称颂。

2. 注重质量才能赢得信誉

在经济建设中，除了注重产品质量、工程质量以外，还必须高度重视服务质量，以优质服务来赢得企业的信誉。树立“顾客至上，服务第一”的思想，千方百计满足顾客的物质和服务过程的心理需要，以赢得顾客的信赖，提高服务行业的信誉，吸引更多的顾客，从而通过服务质量的提高实现企业的发展。例如，一个酒店，注重信誉就是它的生命，而信誉来源于高质量的服务，酒店的主要服务项目就是为宾客提供舒适、方便、整洁、卫生、安全的服务，最大限度地满足宾客的正常需求，只有这样，酒店的信誉才会好。所以说，以质量赢得信誉，是服务行业最根本的经营之道。

3. 以质量求生存、求发展

我国正步入世界经济的大环境，市场竞争异常激烈，优胜劣汰、适者生存已是大趋势。产品质量、工程质量、服务质量的高低优劣与竞争能力的大小成正比，质量高的竞争力就强，信誉就好，就会形成品牌，吸引顾客的能力越强，就越有希望在竞争中取胜；反之，就没有竞争力，就会被无情地淘汰。

无论是生产物质产品的企业，还是服务性行业，在其自身的发展过程中必然产生社会效益和经济效益。社会效益就是企业的社会信誉度、企业的社会形象，这是社会对企业产品质量、企业管理水平以及全体员工素质的综合评价，是企业的无价之宝。企业的社会效益和经济效益是成正比的；社会效益好，知名度和信誉度高，往往综合经济效益也好。社会效益和经济效益又是相互影响、相互促进的。而决定社会效益与经济效益的关键因素是生产者的生产质量、服务者的服务质量，质量决定了企业的生存与发展。企业要想在激烈的竞争中立于不败之地，就要狠抓质量。

三、提高讲究质量和注重信誉的意识

在社会经济生活中，各类从业人员是产品质量、服务质量和工程质量的保证者，从业人员的职业道德素质高低决定了质量的高低。因此，每一个从业人员，都应该增强质量意识，应该学习提高质量的相关业务知识，学习有关质量的法律、法规、条例、文件、规章制度等，并在生产实践中，自觉接受质量管理与监督，自觉履行注重质量的职业道德准则。在生产过程和服务过程中，只有人人都来重视质量，实行全面质量管理，才能使产品质量得以提高。

例如，历经400多年的酱菜老店“六必居”就是我国企业中重视质量的典范。该店在制作酱和酱菜时十分考究，制作过程一丝不苟。从酱料（黄豆、白面、白糖）发酵到酱品制成，要经过21天，现在有一种高温快速烤料发酵制酱法只需72小时就制成了，很多酱厂都采用这种方法制酱，但这样制成的酱略带苦味。“六必居”为保证制酱质量，不用这种方法，而是坚持在春天靠自然的阳光晒酱，酱香味非常浓郁，能把蜜蜂引到晒场。“六必居”选料很精很严：它所用的黄瓜，必须上下一般粗，每0.5千克不超过6条，不要弯曲大肚的；香瓜要选一种叫八道黑的品种，大暑后8天收摘，才能保证酱瓜脆嫩肉厚；小萝卜要个头均匀，不要锥子形的，才能保证酱菜的质量；糖蒜要选用6个瓣的，七八个就够500克，必须在夏至前三四天采收，提前或错后都会影响糖蒜的质量；选用的其他青菜也都有严格的质量规定。“六必居”在制作酱菜时，从工艺到选料，每个环节都注重质量，甚至为了保证制酱的味纯而采用较为麻烦的制作工艺，具有为追求产品质量尽善尽美而不懈努力的精神，从而获得质量信誉。这个品牌能够保持400多年而行销全国，正是优秀的产品质量赢得了顾客的信任。“六必居”的质量文化意识应该大力弘扬。

内蒙古呼和浩特市回族个体工商户铁兆义是全国“五一劳动奖章”获得者，他的肉铺以“铁兆义”注册了商标，其肉制品成为呼和浩特市“放心肉”的代名词。这个呼和浩特市家喻户晓的“名字”和“商标”，是铁兆义老人在20多年的经营生涯中始终不渝地恪守“诚信”和保证质量换来的。20世纪80年代初期，牛羊肉供应还是卖方市场，市民买牛羊肉都要排队，买卖好做。但是铁兆义不为暴利所动，严把质量关，总是按照穆斯林规定的“宰、剔、剥、刮、挂”程序，把最好的肉挂出去，任顾客选购。为保证牛羊肉的质量，每到牛羊肉供不应求的年关，铁兆义老人总要亲自跑到牧区，走东家跑西家，挑选最好的牛羊，现宰后押运回呼和浩特市卖给顾客。从选购牛犊、羊羔和日常的饲养，到出栏牛羊的选择，铁兆义都要过问。每次牛羊肉出售前，他都要请防疫人员来检疫。铁兆义老人说：“将带有病菌的牛羊肉卖给顾客，跟用刀子杀人并无两样。”有一次铁兆义老人因病由独生女儿代替父亲照料店里事务，由于一时粗心，给顾客少称了二两肉。铁兆义知道后，当着顾客和店员的面对女儿铁玉兰大发雷霆：“钱丢了可以再挣，坏了我的名誉可找不回来，你把眼睛看开点儿，再不能发生这样的事情！”铁玉兰后来明白了开店做生意与做人一样，诚信最珍贵。铁兆义老人，讲究质量，注重信誉，二十年如一日热心服务群众的精神，难能可贵。他是值得每一位从业人员学习的典范。

四、法治与德治并举确保质量

要确保质量，必须法治与德治并举。在社会主义市场经济中，生产、销售、服务等方面都存在不正当竞争行为，有的甚至违法经营，故意制假、掺假、售假，使假冒伪劣产品充斥市场。2002年4月10日《市场报》刊登了《质量投诉又有上升，维权打假任务繁重》一文，披露了假冒伪劣产品坑害农民的事件。

陕西省乾县董城村农民集体投诉“飞龙牌”劣质农用大棚薄膜的问题，据称农民使用此薄膜于2001年建了54座大棚，以培育油灯辣椒苗。扣棚100天后的一个晚上，36座大棚发生薄膜破裂，由于天气很冷，辣椒苗全被冻死了。事后公证处认定，事故造成农民六七百万元的损失。

湖北省一家化肥厂长期制售假冒伪劣产品，并在当地地方保护下非法牟取暴利，坑害农民。据举报人介绍，该化肥厂是某家上市公司的下属厂，从2000年投产后，采取不合法的手段，千方百计降低成本，在成品肥中掺入电厂的烟道灰、废渣等。3吨成品肥掺1吨废渣，化肥中有效元素的含量不到10%，化肥厂因此非法获利数百万元，其产品在当地周边地区随处可见。当地群众多次举报，该厂都在有关部门的庇护下蒙混过关。

山西省代县33位农民集体投诉太原市种子公司产品质量差，给他们造成严重损失，他们购买的太阳牌晋菜3号大白菜种子，种出的菜不包心，只有叶子。

上述这些情况，有的是人为造假行为，有的还跟腐败有关，已经触犯法律。因此，讲究质量必须首先加强法治。“法治”就是拿起法律武器，维护正常的市场秩序，确保消费者的合法权益。要用《中华人民共和国产品质量法》（以下简称《产品质量法》）《中华人民共和国消费者权益保护法》（以下简称《消费者权益保护法》）以及相关法规、条例来遏制犯罪行为，净化市场，用规章制度来约束生产者、施工人员、服务人员的质量行为，达到提高质量的目的。同时，还要加强德治。“德治”就是通过加强公民的道德教育，特别是对从业人员进行职业道德教育，强化质量意识，增强他们的责任感和使命感。真正认识产品质量、工程质量、服务质量是民族素质的重要体现，无论国际国内的生产与服务活动都代表着中华民族的形象。每一个从业人员一定要以对国家、对人民、对子孙后代高度负责的精神，确保产品质量，注重信誉，服务人民。

第九节　遵守法纪　文明安全

一、遵守法纪

遵守法纪，也叫遵纪守法。遵纪，就是在职业行为中遵守纪律。纪律包括劳动纪律、规章制度、准则、工作职责（岗位职责）、公约、守则、条例以及特种行业的安全生产操作规定、规程等。守法，就是遵守国家颁布的各种法律法规和管理条例。例如，除了《中华人民共和国宪法》（以下简称《宪法》）《中华人民共和国刑法》《中华人民共和国民法通则》《中华人民共和劳动法》《中华人民共和国公司法》《中华人民共和国环境保护法》《中华人民共和国食品安全法》（以下简称《食品安全法》）和税法外，还有上一节涉及的《产品质量法》《消费者权益保护法》《中华人民共和国治安管理处罚法》等都是经常会接触到的。遵守《宪法》和法律法规以及职业纪律，是每个从业人员最起码的职业道德。违法者就谈不上有职业道德。我国社会主义法律法规的实施，一要靠国家强制力做保证，二要靠人民群众自觉遵守。这两者结合起来，就能有效地保证社会主义法律法规的贯彻实施。

1. 要提高对我国法律的认识

我国社会主义法律法规是由国家制定或认可，并以国家强制力保证实施的行为规范的总和，它体现着我国社会主义发展不同阶段的物质生活条件所决定的我国领导阶级和广大人民的意志。它是用规定法律上的权利义务的方法，确认、保护和发展有利于社会主义，即有利于解放和发展生产力，有利于消灭剥削、建设新时代中国特色社会主义的有力武器。其作用主要表现在以下四个方面：

（1）确认和巩固社会主义基本经济制度。《宪法》确认“国家在社会主义初级阶段，坚持公有制为主体、多种所有制经济共同发展的基本经济制度，坚持按劳分配为主体、多种分配方式并存的分配制度”，确认保护非公有制经济，强调：“国家保护城乡集体经济组织的合法的权利和利益，鼓励、指导和帮助集体经济的发展。”“在法律规定范围内的个体经济、私营经济等非公有制经济，是社会主义市场经济的重要组成部分。国家保护个体经济、私营经济等非公有制经济的合法的权利和利益。国家鼓励、支持和引导非公有制经济的发展，并对非公有制经济依法实行监督和管理。”《宪法》还对外资企业、合资企业的地位做了规定。国家制定了一系列涉外经济法规，为外商来华投资提供了良好的法律环境，同时也为我国经济与世界经济接轨打下了基础，做好了准备。

（2）保障人民民主，加强对敌专政，巩固人民民主专政制度和社会主义制度。我国法律确认和保障人民当家做主。《宪法》明确规定：“中华人民共和国的一切权力属于人民。人民行使国家权力的机关是全国人民代表大会和地方各级人民代表大会。”以法律确保社会主义制度是由中国共产党领导，《宪法》规定：“社会主义制度是中华人民共和国的根本制度。中国共产党领导是中国特色社会主义最本质的特征。禁止任何组织或个人破坏社会主义制度。”

我国法律确认和保障人民民主权利和合法权益，通过立法建立、完善了劳动法律制度和社会保障制度，来保障和维护人民的权益。同时，规定了人民必须遵守的各项纪律以及解决财产、婚姻等问题的法律规范，来调解人民内部纠纷，制裁人民内部的违法犯罪行为。我国法律是对敌专政和同严重刑事犯罪做斗争的锐利武器。《宪法》还规定：“国家维护社会秩序，镇压叛国和其他危害国家安全的犯罪活动，制裁危害社会治安、破坏社会主义经济和其他犯罪的活动，惩办和改造犯罪分子。”《刑法》具体规定了何种行为构成危害国家安全罪和其他属于敌我矛盾的犯罪，以及对这些犯罪行为的惩罚方法。同时，对那些杀人犯、放火犯、爆炸犯、投毒犯、强奸犯、抢劫犯、流氓犯罪集团、拐卖妇女儿童的“人贩子”、重大盗窃犯也实行专政，以维护社会秩序和广大人民群众的利益。

（3）保障和促进精神文明建设。我国法律确认文化事业的发展方向和任务。《宪法》规定了国家在文化建设中的基本任务，确认国家发展社会主义教育事业、自然科学和社会科学事业，普及科学和技术知识，奖励科学研究成果和技术发明创造；发展医疗卫生事业、体育事业，开展群众性卫生活动、体育活动；发展为人民服务、为社会主义服务的文学艺术事业、新闻广播电视事业、出版发行事业，图书馆、博物馆、文化馆和其他文化事业，开展群众性的文化活动，保护名胜古迹、珍贵文物和其他重要文化遗产等。国家通过制定一系列法律法规加以实施。我国法律还是思想道德建设的重要手段。《宪法》规定：“国家通过普及理想教育、道德教育、文化教育、纪律和法制教育，通过在城乡不同范围的群众中制定和执行各种守则、公约，加强社会主义精神文明的建设。国家倡导社会主义核心价值观，提倡爱祖国、爱人民、爱劳动、爱科学、爱社会主义的公德，在人民中进行爱国主义、集体主义和国际主义、共产主义的教育，进行辩证唯物主义和历史唯物主义的教育，反对资本主义的、封建主义的和其他的腐朽思想。”这就具有执行思想道德建设的职能，甚至直接将某些社会主义道德准则规范化、法律化，以便更好地贯彻执行。人们法律意识和守法观念的提高，实际上就是社会主义道德水平的提高。

（4）促进和保障我国对外关系的发展。它主要体现在三个方面。一是在发展我国对外政治关系中的重要作用。在对外政治交往中，能以法律的形式反对霸权主义，维护国家主权，在平等基础上建立和发展外交关系；通过法律的方法，解决国际政治争端，维护国际和平。二是在发展对外经济贸易往来中的重要作用。如法律确定了对外开放和经济往来的原则、方向，规定了外商投资企业的法律地位和经营管理制度，以法律手段管理对外贸易商品的进出口、引进技术和设备，保护我国所参加的国际经济协作组织及其活动，打击各种破坏国际交往的行为等。三是在发展对外文化交流与合作中的保障作用。如依法同许多国家签订了文化、教育、体育交流和合作协定，派团出国访问演出等。

2. 要有一定的法律知识，认真执行、严格遵守法律法规

守法就要学法、知法、懂法。随着改革开放、社会经济的发展，我国的法律制度越来越完善，各种法律、法规、条例成千上万，即使是法律工作者也记不住这么多的法律条文。面对这种情况，作为普通的劳动者在学法、知法、懂法方面，就要掌握好方法。首先必须精学《宪法》。《宪法》是我国的根本大法，它反映了全国人民的意志和利益。《宪法》是母法，普通法律是子法，其他一切法律都是在《宪法》基础上派生出来的。因此，必须先学懂《宪法》。其次必须学好其他相关实用的法律法规。在职业生涯中，我们会遇到这样或那样涉及法律的问题。私营企业主，在生产经营活动中，就必须了解私营企业法和税法等；如果从事餐饮业，就必须知道《食品安全法》；如果从事交通运输业，就必须了解交通运输法律法规。在职业行为中，与工作密切相关的法律法规应该熟记在心，认真执行，严格遵守。例如，如果要办一个砖厂，从注册办营业执照到生产再到销售，整个过程就要涉及许多法律知识，注册办照会涉及工商管理和环境保护有关法律法规，生产过程中会涉及安全生产和土地管理的法规，劳动用工时会涉及《劳动法》及相关法规，生产出的砖的质量要符合《产品质量法》要求，砖在销售中与使用方签订合同会涉及《合同法》，售后要照章纳税会涉及税法和《中华人民共和国会计法》等。对这些与工作密切相关的法律、法规、条例、政策，就应该学懂弄通，认真执行，严格遵守。不这样，就谈不上职业道德。

3. 要善于用法律捍卫自己的合法权益

法律必须遵守，同时法律又是保护企业和广大劳动人民根本利益的武器。我国《劳动法》第一条就明确规定："为了保护劳动者的合法权益，调整劳动关系，建立和维护适应社会主义市场经济的劳动制度，促进经济发展和社会进步，根据宪法，制定本法。"第三条又规定："劳动者享有平等就业和选择职业的权利、取得劳动报酬的权利、休息休假的权利、获得劳动安全卫生保护的权利、接受职业技能培训的权利、享受社会保险和福利的权利、提请劳动争议处理的权利以及法律规定的其他劳动权利。"如果从业人员的上述劳动权利受到侵犯，就可以拿起法律的武器维护自身合法权益。

4. 遵守职业纪律

遵守职业纪律也是最起码的职业道德规范之一。遵守职业纪律的意义主要体现在：一是可以提高工作效率；二是可以确保工作质量；三是可以保证工作时间；四是可以增强协作精神，充分体现集体力量；五是可以明确工作或岗位职责，做到各司其职，各负其责；六是可以减少或防止安全事故发生；七是可以防止滥用职权、腐败、违规、违章等现象发生；八是可以增强权威观念，保证整个生产服务过程有组织地顺利进行。每一位从业人员都应该以遵守职业纪律为荣，以违章违纪为耻。

二、文明安全

1. 文明安全生产是职业道德的重要规范

文明安全的生产制度是劳动者必须遵守的法律法规、规章制度。按照职业安全卫生法律制度的规定从事劳动和服务，其目的是保护国家财产和广大人民群众的生命财产（特别是劳动者自身）不受损害。职业安全和职业卫生是所有企业在生产过程中追求的重要目标，它直接关系到企业的信誉。对一家企业来说，维护和提高信誉靠的就是提高产品质量、周到的售后服务和文明安全制度的落实。文明安全生产的目标需要全体劳动者共同努力，只有劳动者认真遵守纪律和法律的规定，严格按照安全操作规程和有关职业卫生的法律法规、规章制度来从事劳动服务活动，才能实现。因此，把文明安全生产作为对从业人员的基本职业道德行为规范来要求，很有必要。

2. 文明安全生产职业道德基本规范的重要性

这一职业道德基本规范的重要性主要表现在：一是可以提高从业人员文明、安全生产和服务的意识；二是可以提高从业人员职业安全卫生的自律意识；三是可以提高从业人员保护国家和人民生命财产安全的意识；四是可以提高从业人员的自我保护意识；五是可以提高管理者安全卫生的管理意识。

3. 文明安全生产形势严峻、任重道远

进入 21 世纪以来，我国职业安全卫生工作形势十分严峻。交通、建筑、煤矿行业、烟花爆竹厂以及人群高密的商场、歌舞厅、网吧等频频发生的重特大事故和食品安全事故，造成了人民群众生命财产的严重损失。例如：

2000 年 3 月 29 日，河南省焦作市天堂音像俱乐部发生火灾事故，造成 74 人死亡。

2000 年 12 月 25 日，河南省洛阳市东都商厦发生火灾事故，死亡 309 人。

2002 年 5 月 4 日，山西省运城市富源煤矿发生透水和瓦斯爆炸事故，23 名井下作业人员仅有 2 名幸存者。最恶劣的是法人魏守仁、矿长张顺和在事发后不是积极组织抢险，而是置 20 名矿工死活于不顾，将井口的一具尸体秘密转移处理，粉刷被瓦斯大火烧焦的井口，转移矿上其他工人，藏匿所有的资料，封锁一切消息。该矿是证件不全非法开工建设、生产的独眼井。

2008 年 9 月 20 日 23 时许，深圳市龙岗区龙岗街道龙东社区舞王俱乐部发生一起特大火灾。事故共造成 44 人死亡，58 人受伤。事故原因为在歌舞厅中演出时燃放焰火引发火灾。现场人员逃出时，过道上十分拥挤，发生踩踏而酿成惨剧。出事的舞王俱乐部于 2007 年 9 月 8 日开业，事故发生后经查该歌舞厅无营业执照，无文化经营许可证，消防验收不合格，属于无牌无照擅自经营。

2015 年 8 月 12 日 22：52 左右，位于天津市滨海新区天津港的瑞海国际物流有限公司危险品仓库发生特别重大火灾爆炸事故，造成 165 人遇难（其中参与救援处置的公安消防人员 110 人，事故企业、周边企业员工和居民 55 人）、8 人失踪（其中天津消防人员 5 人，周边企业员工、天津港消防人员家属 3 人），798 人受伤（伤情重及较重的伤员 58 人、轻

伤员740人），304幢建筑物、12 428辆商品汽车、7 533个集装箱受损。直接经济损失68.66亿元。经国务院调查组认定，天津港“8·12”瑞海公司危险品仓库火灾爆炸事故是一起特别重大生产安全责任事故。事故涉及27件刑事案件，其中海瑞公司造成的直接犯罪就有：超范围经营，拿资质当儿戏（该公司注册时并未包括危险化学品存储和经营）；环境影响调查作假，虚报危化品仓库储存面积（《环境影响评价公众参与调查表》由公司员工胡编乱造）；安全预评报告用关系“摆平”（不仅自己公司造假，还联合天津中滨海盛卫生安全评价监测有限公司一起造假）；多次行贿换批复，长期违法经营（该公司违法建设危化品堆场，并长期违法进行危化品经营活动）；官商勾结搞腐败经济（相关政府部门官员和工作人员玩忽职守、滥用职权等失职渎职和受贿犯罪），以上这些违法乱纪行为最终酿成了“8·12”事故重大人员伤亡和财产损失。这次事故经人民法院依法依规审判，有49名（其中犯罪的官员和国家工作人员25名）被告被判一年六个月到死缓不等的刑罚。

2015年6月1日“东方之星”号客轮，由南京港驶往重庆，途经大马洲水道3号红浮附近，遭遇突发罕见的强对流天气带来的强风暴雨袭击导致的特别重大灾难性事故，共造成442人死亡。

2016年11月24日，江西省宜春市丰城发电厂三期在建项目发生冷却塔施工平桥吊倒塌，造成横板混凝土通道倒塌，再导致平台坍塌特别重大事故，共造成73人死亡，2人受伤。

这些事故死亡人数是可数的，看得见的。更可怕的是一些非法生产者正在干着戕害百姓的事。据中央电视台报道，某地个体经营户生产腐竹时，为了提高腐竹的色度，使成品光亮美观，竟放入含有强致癌物质的吊白块。这种腐竹流入市场后，对广大人民群众的生命造成多么大的伤害可想而知。还有人在猪饲料里掺入对人体有害的瘦肉精、在牛奶中掺入三聚氰胺。

以上这些典型的违法、违规、违纪、违反职业道德的不文明、不安全、不卫生的生产事故，充分说明对广大劳动者进行文明、安全、卫生生产的法律和职业道德教育是多么重要。

不文明、不安全、不卫生的职业事故归纳起来有五大特点：一是绝大多数事故属于责任事故，主要是违章指挥、作业，疏于管理，监督不力造成的。二是发生伤亡事故最多的是乡镇企业、私营企业和“三来一补”（来料加工、来料装配、来样制造、补偿贸易）企业以及个体工商户，发生在这些企业及个体工商户中的事故约占事故总数的80%以上。三是农民工和其他外来工成为伤亡事故的主体，约占伤亡事故总数的80%以上。这一群体普遍缺乏安全知识和自我保护意识，是事故最大的受害者，而他们中的某些人又往往是事故的直接责任者。四是交通事故和发生在商场、饭店、娱乐场所等人员密集区的重特大事故不断发生。五是违法违规，违反职业文明、安全、卫生生产的职业道德，甚至从事非法的食品加工、采矿、偷油偷气等生产活动。

面对这种情况，国家采取了果断措施，于2009年2月28日颁布了《中华人民共和国食品安全法》，并于2015年4月24日颁布了修订后的《中华人民共和国食品安全法》。同时我国还于2014年8月31日颁布了修订后的《中华人民共和国安全生产法》。上述法律的修订使得依法治理生产安全和食品安全得到了法律的有力保障。食品安全和生产安全形势有所好转，取得了许多成绩，但是这方面仍然存在许多问题，我国仍然需要强化国家职业安全、食品安全、生产安全和卫生执法力度，制订立足当前、目标长远的劳工标准规划，推行职业安全卫生管理体系，提高职业安全卫生工作质量，变压力为动力，促进文明生产。所有企业都要努力提高经济效益，但是必须服从安全第一的原则。特别是要对集体企业、私营企业加强制度建设和法制建设，要依法严惩事故责任人和故意违法违纪生产者。另一方面要以德治安全。要把职业文明、安全卫生的内容作为最基本的职业道德内容，在人民群众中广泛、深入、持久地开展职业文明、安全卫生教育，在广大从业人员中牢固树立"安全第一，预防为主"的职业道德自觉意识，提高"我要安全和我会安全"的职业道德觉悟，从而形成一种遵守法纪，注重职业安全、卫生、文明生产的高素质的职业道德品质。

第十节 团结协作 互帮互助

团结协作，互帮互助，这是职业行为中应该遵守的基本职业道德。团结、和睦、友好是中华民族悠久历史文化的结晶，是我国的优良传统。早在春秋战国时代，孔子的弟子就提出"和为贵"。"和"就是指团结、和睦，这是最珍贵的。"人心齐，泰山移"，"众人齐心，黄土变金"，这样的雅言俗语都揭示了团结的巨大作用。

一个国家、一个民族、一个政党都要讲团结，不讲团结就会出现分裂。在前南斯拉夫，塞族和阿族之间争斗，发生内战，导致了外国势力入侵，国家、民族、政党四分五裂。我国各族人民大团结，取得了辉煌的成就，20世纪末香港、澳门顺利回归，这和100多年前我国军阀混战、满目疮痍、挨帝国主义打而割地赔款形成鲜明的对比。团结使祖国更加繁荣富强。

单位、企业也要讲团结。现代企业管理有个术语叫"团队精神"。人人具有团队精神的战斗集体，就能具有无敌的竞争力。20世纪80年代初，中国女子排球队（简称中国女排）就是团结协作、互帮互助、充分发挥团队精神的典范。1981年11月16日，中国女排在日本大阪举行的第三届世界杯女子排球赛中，首次夺得世界冠军，此后中国女排夺得了"五连冠"。当时中国女排从教练员到球员大家互相帮助，团结一致。教练员白天要工作10多个小时，晚上还要加班制定方案，做总结。女排队员团结拼搏，成功了互相拍手鼓励，失败了互相体谅。正是这种团结协作、顽强拼搏的精神，使中国女排威震世界排坛。

按照团结协作、互帮互助的职业道德行为规范，从业人员应该做到：

一、处理好团结与竞争的关系

在社会主义市场经济中，竞争是必然存在的，单位与单位、企业与企业、个人与个人之间都要以竞争促进发展。但是竞争必须制定规则，否则会演变成无序的、不正当的巧取豪夺。竞争必须公平、公正、公开。竞争的组织者必须无偏心、无私心；参与竞争者应该在积极竞争的同时又注意团结友谊，要善于团结同事、联合同行、协调工作，以取得双赢。团结同事首先要坦诚待人、热情忍让、宽厚仁慈，求大同存小异。为了大局而讲团结，为了大局而谦让，这样就能够把团结搞好。

二、处理好分工与协作的关系

在社会化大生产活动中，在企业的生产线上，在单位、在服务行业中，每个从业人员所处的岗位都有明确的分工和岗位目标责任制，但这不等于个人完成了所分配的工作就算尽职尽责了，工作中既有分工又有合作。合作就是协同工作，相互配合，这样才能形成团体的凝聚力，实现集体共同的目标。员工之间要搞好团结与协作。有一家外资企业在招聘员工时，出了一道操作题，就是把受聘者分成若干个组，让每个组比赛锯木头。考的就是每组成员为共同完成一个任务而相互协调的能力。

在上下级之间、管理层之间，和谐、协作也是非常重要的。本田宗一郎是本田技研工业公司的鼻祖，学徒工出身的他，使一个小小修理店发展成为日本乃至世界一流的摩托车制造公司，在世界摩托车市场占有四分之一的份额。美国机械工程师学会将一枚荷利（Holley）奖章颁给他，这是继亨利·福特之后，世界上第二位荣获这种奖章的汽车工程师。1948年他将自己的研究所更名为本田技研工业公司，并研究开发出双缸98毫升的“D”型发动机，随之而诞生了“本田-梦幻D”型摩托车。但是他只精于发明制造，而拙于推销，一直打不开销路。后经人介绍认识了具有商业才干的藤泽武夫，两人开始合作，他当即委任藤泽武夫为公司常务董事长，两人从此建立了相互信任、亲密合作、相互支持的人际关系，合作长达24年，成为日本经营史上的“最佳搭档”。藤泽武夫在一次记者招待会上总结说：“我认为老大与老二的和睦相处、互尊、互信、互爱，才是企业成功的最关键因素。”本田宗一郎也说：“我不需要和我性格相同的人，我始终深信不同性格、不同能力的人，群策群力，事情才能做得更好。”事实说明，每一位从业人员在工作中都应该处理好分工与协作的关系，既要分工，又要协作，互帮互助，才能把事业做得更成功。

三、处理好团结协作、互帮互助与坚持原则的关系

团结协作、互帮互助，讲的团结是在坚持原则基础上的团结，是从国家利益、集体利益出发的团结，而不是借讲团结搞拉帮结派、搞小团体、搞哥们义气，甚至相互包庇缺点，奉行自由主义，取消批评和自我批评。否则，只能给国家、集体经济带来损失。

邓小平同志强调：“根据我长期从事政治和军事活动的经验，我认为，最重要的是人的团结，要团结就要有共同的理想和坚定的信念。我们过去几十年艰苦奋斗，就是靠用坚

定的信念把人民团结起来，为人民自己的利益而奋斗。”坚持社会主义方向，为人民的利益而奋斗，这就是理想、信念。在这种共同理想、信念基础上团结协作、互帮互助，才能形成真正团结的大好局面，产生坚不可摧的力量。

第十一节 艰苦奋斗 勤俭节约

艰苦奋斗、勤俭节约是中华民族的优良传统和美德，也是我们党的优良传统。艰苦奋斗就是要有独立自主、自力更生、朴素节俭的工作作风，胸怀理想、不畏艰险、顽强拼搏的坚强信念，开拓创新、锐意进取、奋发向上的精神风貌。勤俭节约包含了勤劳和节俭两层含义。勤劳是致富的重要条件，也是事业成功的重要保证。节俭是修身的重要内容，是持家之本，也是治国安邦的法宝。勤劳、节俭都是维持人类生存的必需。在党领导人民进行长期的革命和建设实践中，艰苦奋斗、勤俭节约已经成为我们战胜困难、拒腐防变的锐利武器。

早在 21 世纪之初，江泽民同志在重庆市视察时强调：“艰苦奋斗是我党的优良传统，任何时候都不能丢。要坚持勤俭办一切事业。”胡锦涛同志担任中共中央总书记之后，首先到西柏坡参观党的七届二中全会旧址，重温毛泽东的讲话，提出要牢记和实践“两个务必”（“务必使同志们继续地保持谦虚、谨慎、不骄、不躁的作风，务必使同志们继续地保持艰苦奋斗的作风”）。在革命战争年代，无数的革命家，为实现共产主义、解放全中国的理想，怀着革命必胜的坚定信念，艰苦奋斗，不惜抛头颅、洒热血。无数革命先烈，在敌人面前表现出富贵不淫、贫贱不移、威武不屈的浩然正气，最终推翻了压在中国人民头上的帝国主义、封建主义、官僚资本主义三座大山，解放了全中国。

革命战争年代是艰苦奋斗、勤俭节约精神大发扬的年代，表现在革命队伍中领导和群众同甘共苦，保持劳动人民的本色。毛泽东、周恩来等中央领导和战士们一样吃南瓜粥、红米饭。在抗日战争的艰苦岁月，许多大城市的知识青年到延安抗日军政大学学习。朱总司令接见他们，给他们上的第一堂课就是发给每位学员三件宝：第一是锄头，第二是枪杆子，第三是笔杆子。让学员们拿起锄头开荒种地，建设校舍；拿起枪杆子保卫解放区；拿起笔杆子学习马列主义理论和文化知识。毛泽东给学员演讲时裤腿上还有大块的补丁。1934 年，身为闽浙赣省苏维埃主席的方志敏同志由于叛徒告密不幸被捕，首先发现方志敏的两个敌兵，搜遍了他的全身，结果除去一支钢笔和一块旧怀表之外什么也没有。他们以为方志敏一定把钱藏在什么地方了，一边对他进行威吓，一边四处搜寻，结果什么都没有。清贫朴素的生活，正是革命战争年代的革命者们战胜敌人的巨大力量。

新中国诞生之际，毛泽东同志为了防止执政党脱离群众，防止腐败现象的发生，提出了“两个务必”的要求。进入社会主义经济建设时期，绝大多数党员和党的干部牢记这一告诫，自力更生、艰苦奋斗、勤俭建国，涌现出“南京路上好八连”、县委书记的好榜样焦裕禄、大庆油田的“铁人”王进喜等一大批艰苦奋斗的先进典型。

在改革开放的新时期，孔繁森又成为我党保持艰苦奋斗作风的最具代表性的优秀人物。他响应党的号召，毅然接受组织的安排先后两次进西藏工作，前后历时10年。第一次进藏，在气候恶劣、生活异常艰苦的岗巴县担任县委副书记，任职3年中，他几乎跑遍了全县的乡村牧区。每到一个地方就访贫问苦，宣传党的政策，和群众一起收割、打场、挖泥塘，与藏族同胞结下了深厚的情谊。1981年孔繁森调回山东，离开岗巴时，藏族同胞依依不舍地含泪为他送行。1988年孔繁森担任聊城地区副专员时，组织上又安排他第二次进藏工作。当时他正面临着家庭的许多困难：年近九旬的老母，生活不能自理；三个孩子尚未成年，需要有人照看；妻子几次大手术，体弱多病。但他却坚决服从组织的安排。第二次进藏后，他担任拉萨市副市长，分管文教工作。有一次因车祸，他摔成了严重脑震荡，颅骨骨折，高烧昏迷，住院治疗期间，听说学校出了急事，他不顾高烧、伤痛、眼睛充血，骑着自行车赶到学校处理。此后，又调到阿里任地委书记。一次，革吉县和改则县遭受严重的自然灾害，牧草被冰雪覆盖，牛羊冻饿而死，群众缺医少粮，孔繁森深入灾区，走访灾民，分发救济粮和救济款，把党的温暖带给牧民，鼓励大家克服困难、渡过难关。1992年拉萨郊县发生地震，孔繁森立即赶赴抗震救灾，这次他毅然收养了三个因地震失去父母的孤儿：曲尼、曲印和贡桑。他本来家庭负担就比较重，现在经济上更加拮据，为了不让收养的孩子们受委屈，他竟三次到医院献血，以解燃眉之急。1994年11月29日，孔繁森在去新疆塔城考察边贸的途中，因车祸不幸殉职，时年50岁。党的好干部孔繁森，用热血和生命保持和发扬了艰苦奋斗、勤俭朴素、无私奉献的光荣传统。他用高尚的情怀实践了自己最喜爱的名言：“一个人爱的最高境界是爱别人，一个共产党员爱的最高境界是爱人民。”他的崇高品质和行动在祖国人民心中树起了一座不朽的丰碑。

同在20世纪末，与孔繁森形成鲜明对比的反面教材是广西壮族自治区人民政府原主席成克杰、沈阳市原市长慕绥新等人。他们腐败堕落，收取巨额贿赂。慕绥新收取贿赂6 614万元，巨额不明财产2 695万元。其女慕洋倚仗权势非法牟利5 000万元以上。他们大肆鲸吞国家财产，经济腐败、政治腐败和生活腐败集于一身，甚至与黑恶势力相勾结。他们忘记了党的艰苦奋斗、勤俭建国的优良传统，忘记了为人民服务的宗旨，肆无忌惮地以权谋私，最终受到了党纪国法的严惩。这些反面教材给我们的教训是极其深刻的。

党的十八大召开以后，习总书记针对社会上出现的形式主义、官僚主义、享乐主义、奢靡之风，在《第十八届中央纪律检查委员会第二次全体会议上的讲话》中做出重要指示：“我们的财力是不断增加了，但绝不能大手大脚糟蹋浪费！要坚持勤俭办一切事业，坚决反对讲排场比阔气，坚决抵制享乐主义和奢靡之风。”“我们社会主义国家，决不能发生旧社会那种‘朱门酒肉臭，路有冻死骨’的现象。”针对餐饮业触目惊心的浪费现象，习总书记指出：“我国餐饮浪费包括其他方面的浪费现象的确触目惊心、令人痛心！究其原因，公款吃喝、商务宴请和居民家庭食物浪费日益严重，饮食消费观念不当、公款吃喝缺乏监督等是重要原因。广大干部群众对餐饮浪费等各种浪费行为特别是公款浪费行为反映强烈。‘俭则约，约则百善俱兴；侈则肆，肆则百恶俱纵。’勤俭是我们的传家宝，什么时候都不能丢掉。要大力弘扬中华民族勤俭节约的优秀传统，大力宣传节约光荣、浪费可耻的思想观念，努力使厉行节约、反对浪费在全社会蔚然成风。”当前我们应该全面贯彻习总书记的重要指示，要以革命烈士、英雄模范人物清正廉洁、艰苦奋斗、勤俭节约的献身精神为榜样，以腐败变质的反面教材为鉴戒，艰苦奋斗，勤俭节约，拒腐防变，做一名具有高尚职业道德的劳动者。

第十二节　部分行业职业道德行为规范

本节主要围绕以提高产品质量、工程质量、服务质量为目的的从业人员职业道德行为规范以及个体工商户职业道德规范，说明每一个行业都有其特殊的职业道德行为规范。所列举的职业道德行为规范具有职业技能鉴定的代表性。

一、以提高产品质量为目的的从业人员职业道德行为规范

以产业技术工人职业道德行为规范为例：

爱岗敬业，忠于职守；诚实守信，宽厚待人；

办事公道，服务群众；以身作则，奉献社会；

勤奋学习，开拓创新；精通业务，技艺精湛；

讲究质量，注重信誉；遵守法纪，文明安全；

团结协作，互帮互助；艰苦奋斗，勤俭节约；

完成任务，增产高效。

二、以提高服务质量为目的的从业人员职业道德行为规范

1. 美容师、美发师职业道德行为规范

（1）热爱本职，忠于职守。美容美发是对人的形象进行美化的事业，是塑造美的事业，是高尚的事业，既然选择了美容美发职业，就应该热爱本职工作岗位，并为本职工作感到骄傲和自豪，以坚定的信心，尽最大的努力认真工作。美容师、美发师应忠于职守，把牢固树立为人民服务的思想和意识植根于脑海之中，将顾客的要求和利益放在首要位置，尽量满足顾客的合理要求，使顾客满意。

（2）讲究质量，注重信誉。有质量才会有生命力，质量是事业赖以生存的条件，质量通过从业人员提供的技术与服务来体现，匆忙、草率、减少服务程序、以次充好，是行业之大忌。不使用假冒伪劣美容护肤用品，不在服务对象身上做实验。用精湛的技术、完整的程序、细致的服务对待每一位顾客，并不断创新，设计出适合每一位顾客、符合社会主义精神文明的美好形象。在社会竞争日益激烈的今天，诚实、信誉更加重要，不能为了营利而忽略质量。如果忽略质量，将使所在的美容美发院的信誉度降低，失去社会竞争的根本保证。

（3）钻研技术，提高技能。当今社会，知识、技术日新月异，不断更新。只有掌握新

知识、新技术，加强实践，提高专业技术水平、美学素养、文化修养，力争成为本行业的高技能者，并与同行保持良好的沟通与协作，才能立于不败之地。

（4）一视同仁，热情服务。顾客是美容美发行业生存和发展最重要的条件，没有顾客就没有对美容美发产品及服务的需求。服务质量与态度决定着顾客的去留，也决定着顾客是否向他人介绍，因此，从业者应有亲切友善的态度，多替客人着想，保持健康的心理，平静、愉快的心情，给人以安全美好的感觉。就算自己心情不佳，也不要忘记给客人一个微笑。诚实可信，是中华民族的传统美德，也是做人必备的品德。对待客人要一视同仁，友善礼貌。不能厚此薄彼，不能因为客人的种族、宗教信仰、名气、社会地位、容貌、接受服务标准的不同而服务态度有差异。

（5）举止文明，谦恭有礼。从业人员要尽最大努力来培养塑造愉快的个性、良好的气质、健全的心智、典雅的风度、高超的技术、丰富的内涵、端庄的举止、文雅的谈吐，这样才能增强顾客的信任感，更好地为顾客服务。

对待同行或同事，要互相尊重、谦恭有礼，不能贬低其他美容美发院或同行。要有良好的团队精神，善于团结同事、同行，共同协作，遵守行规，创造和谐向上的集体氛围。

礼仪已成为美容美发业服务质量的重要标志：礼貌的接待、亲切的语言、甜美的微笑、得体的服装，都是吸引顾客的直接因素。美容师、美发师行、坐、站、语中良好优雅的仪表，反映出从业者自身内在的素质与修养。

（6）遵纪守法，安全卫生。热爱祖国，具有强烈的社会责任感。遵守国家的法律、法规和美容美发院的规章制度。

安全卫生地从事美容美发工作，是营造文明环境的必要条件。美容美发从业人员要养成卫生清洁习惯，坚持高标准的个人卫生要求，适应美容美发工作的需要；要做好工具的消毒工作和环境卫生工作，营造一个净、静、亲、馨的良好氛围，防止传染病的传播，为顾客提供安全卫生的服务环境。

美容师、美发师职业道德规范遵守得如何，取决于美容师、美发师的综合素质。这个综合素质就像一个木桶，桶的外围是几块长短不等的木板，分别代表内在素质、外在素质、知识素质、技能素质和德育素质等，那么这只桶盛水量的多少就取决于最短的那块木桶板，一旦超过短板的高度，水就会溢出。任何一个美容师、美发师自身素质中哪块板长，哪块板短，情况都不一样。发现自身的短板，补短扬长克服其“短板效应”，对提高自身的整体素质、提高美容美发质量、服务于人民是至关重要的。

2. 酒店业从业人员职业道德行为规范

（1）敬业乐业，忠于职守。热爱本职工作，切实履行工作职责，遵守酒店规章制度和劳动纪律，遵守员工守则，维护酒店的对外形象和声誉，做到不说有损于酒店利益的话，不做有损于酒店利益的事。

（2）宾客至上，优质服务。要有满腔热情的服务精神，使客人在酒店的一切活动都有宾至如归的感觉，具体表现在以下四个方面。

一是主动。即严格执行酒店的优质服务标准，在工作中全心全意地为宾客服务，自觉地把工作做在客人提出要求之前。

二是耐心。即在工作中热情解答客人的问题，做到问多不厌、事多不烦，遇事不急躁，镇静自若地对待客人、处理问题，在繁忙的工作中有条不紊。当发生矛盾时，要严于律己，恭敬谦让。

三是热情。即工作积极主动，对宾客要有真情，工作时面带笑容，态度和蔼，语言亲切，热心诚恳，助人为乐。

四是周到。即宾客进入酒店要服务周到，处处关心，帮助客人排忧解难，使宾客满意。

(3) 勤奋学习，钻研技术。提高服务技巧和技术水平，不耻下问，虚心学习。干一行，爱一行，并把学到的业务知识和技能运用到自己的实践中去，不断改进操作技能，提高服务质量。

(4) 公私分明，克己奉公。不贪不占，不谋私利。

(5) 勤俭节约，反对浪费。为企业着想，节约材料，节约水电。

(6) 团结协作，互帮互助。正确处理好个人和集体、个人与领导、个人与同事之间的关系；互相尊重，互相配合，宽厚待人。

(7) 遵守法纪，文明安全。遵守法律法规，不干“黄、赌、毒”等违法事情。严格遵守职业纪律和规章制度，遇到坏人坏事及时举报。严格执行酒店安全操作规程，防火、防盗。讲究个人卫生，坚持持证上岗，做到文明、安全、卫生服务。

(8) 文明礼貌，举止文雅。一举一动要端庄，着装要整洁，语言礼貌亲切，接待无微不至，礼仪、礼节要得体。

3. 旅游业导游职业道德行为规范

(1) 爱国守法，自尊自强。爱国守法是公民的基本道德规范，同时也是导游人员的基本职业道德行为规范。工作中要维护祖国和民族的尊严，塑造诚实、善良、正直、勇敢、勤劳、尊严、友好的民族形象。要遵守法纪，保守国家机密；提高环境保护意识，通过向游客介绍美好河山宣传环境保护；遵守旅游业的规章制度，严格执行导游服务质量标准，严守职业纪律；不嫖娼、赌博、吸毒；不索要反动、黄色书刊及音像制品；不向外国游客兑换外汇，不套汇、炒汇。

(2) 爱岗敬业，忠于职守。热爱自己的本职工作，尽职尽责，不“游而不导”，不擅离职守，不懒散松懈，不推诿渎职。遇到紧急情况和危险时刻要挺身而出，保护游客的安全和人身不受侵犯，尽忠职守，不临阵脱逃。

(3) 公私分明，诚实善良。导游人员不得营私舞弊、假公济私，不向游客兜售物品，不向游客暗示小费。对待游客要诚实善良，不弄虚作假，不欺骗、胁迫游客消费。

(4) 优质服务，宾客至上。导游的服务工作要以游客为中心，在整个服务工作中体现文明礼貌、态度和蔼、耐心细致、体贴入微，充分尊重游客的宗教信仰、民族风俗习惯。无论饮食、住宿还是旅途中，都要细心安排、考虑周到，使游客有宾至如归的感觉。

(5) 团结协作，互帮互助。导游应具备团结协作的精神，做到团结友善、互帮互助。

导游在旅行社中是企业的一员，应该做到团结协作，与同事和领导处好关系。在工作中要带好团队，与领队协作共事，与游客打成一片、结为伙伴，成为团队的组织者。因此，组织能力、团结能力、与外界的协调能力是导游的基本能力。工作中一定要做到团结协作，互帮互助。

（6）公正友好，不卑不亢。对待客人要一视同仁，公正友好。在服务态度上对待每一位客人都要一个样，绝不能厚此薄彼，切忌以地位取人、以钱财取人、以衣貌取人和以肤色取人。不卑不亢就是要做到对待游客谦虚谨慎，但不低三下四；既不妄自菲薄，也不妄自尊大。在给游客介绍景点时要充满爱国之情，不崇洋媚外。

（7）提高技能，勤学向上。导游人员的职业技能分为操作技能和心智技能。导游人员服务的三要素是语言、知识、服务，要想实现优质服务就必须提高自己的职业技能和服务素质，具备广博的人文地理等方面的知识和较强的语言表达能力与讲解技巧。要实现上述目标必须勤学苦练。

（8）勤俭节约，爱企如家。导游人员要热爱自己的企业，注重勤俭节约，事事为企业着想，做到勤俭办事。

（9）文明安全，热情周到。导游在服务过程中要做到文明安全，关心游客，想游客所想，急游客所急，细心地考虑每一个安全环节，如天气状况、车况路况、饮食卫生、旅游地的地形地貌变化，预防可能发生的意外和一切不安全因素。要做到让游客安全游、舒心游、享受游、温暖游。

4. 烹调师职业道德行为规范

（1）爱国爱民，遵纪守法。热爱祖国，热爱人民，具有强烈的民族和社会责任感。遵守国家的法律法规，不采购、烹制、销售国家保护的野生动植物，遵守企业工作纪律和各项规章制度，听从企业经理的安排指挥，做一名好公民、好员工。

（2）爱岗敬业，忠于职守。随着人民物质文化生活水平的提高，餐饮业在社会主义市场经济中占有越来越重要的地位，烹调师的地位也越来越重要。烹调师应热爱烹饪事业，安心本职工作，以服务人民、服务大众为己任，忠于职守、忠于人民。

（3）钻研业务，推陈出新。消费者的消费水平不断提高，口味不断变化，这就要求烹调师除掌握扎实的烹调基本功外，还要懂得消费者的消费心理，不断掌握新工艺、新技术、新知识，不断推陈出新，以满足消费者在饮食文化方面的需求，以健康文明的饮食方式正确引导消费者。

（4）诚信至上，质量第一。诚实守信、确保质量是烹调师基本的职业道德要求。烹调师既要对企业负责，更要对消费者负责。对消费者的任何承诺都应履行。不能欺瞒、误导消费者，不能购进低劣过期原料，制售劣质有毒有害食品，损害消费者利益，危害其健康。

（5）团结协作，互助互爱。烹调师在工作中要发扬团队协作精神，互相帮助。生产菜品有许多环节，择、洗、切、配、烹等环环相扣。这就要求每个人心中都要有全局观念，有团队精神，互相协作配合。否则，任何一个环节出了问题，都会影响菜品的质量。

（6）文明安全，讲究卫生。烹调师从事的具体工作是生产食品，直接影响消费者的身体健康甚至生命安全，所以每个烹调师必须严格遵守《食品安全法》，文明生产。要有健康的身体和良好的卫生习惯，严格执行卫生制度，从原材料的采购、食品加工、存放等各个环节保证食品的安全、干净、卫生。

（7）优质服务，热情周到。客人所想所求的要尽量满足，客人未想到的也应尽量替客人想到，为客人提供最好的服务。在服务中，从原材料选择到烹饪工艺，再到烹饪管理都要保证最好，为客人提供最可口的菜肴。

（8）精益求精，技艺精湛。不断提高自己的技术技能，在总结传统烹饪技艺的基础上开拓创新，不断推出新品种、新工艺。

5. 交通行业主要职业的职业道德行为规范

（1）交通管理（路政）人员职业道德行为规范

热爱本职，秉公执法，不谋私利；严肃风纪，着装整洁，举止端庄。

廉洁奉公，执行政策，忠于职守；精通业务，提高效率，服务生产。

严格管理，保证安全，一路畅通；语言文明，以诚待人，礼貌检查。

（2）驾驶员职业道德行为规范

热爱本职，当好主人，服务人民；爱护车辆，精心保养，勤俭节约。

安全及时，准班正点，尊客爱货；遵守法纪，廉洁奉公，不谋私利。

服从调度，降低消耗，完成任务；尊师爱徒，团结协作，助人为乐。

（3）汽车修理工职业道德行为规范

热爱本职，服务行车，服务用户；爱护设备，勤俭节约，爱厂如家。

安全生产，文明修车，严守纪律；技艺精湛，提高工效，质量第一。

尊师爱徒，团结协作，礼貌待人；遵守法纪，抵制歪风，不受贿赂。

（4）站、乘务（售票、行包、检票）人员职业道德行为规范

热情待客，文明礼貌，排忧解难；仪容整洁，举止庄重，精通业务。

遵守法纪，廉洁奉公，尽心尽职；关心集体，互助友爱，勤俭节约。

维护秩序，保持卫生，文明安全；见义勇为，抵制歪风，树立正气。

（5）公路施工养护工人职业道德行为规范

爱岗敬业，悉心养护，服务交通；文明施工，安全生产，方便行车。

钻研技术，遵守规程，严守纪律；爱护设备，降低消耗，勤俭节约。

保证工期，提高工效，讲求信誉；尊师爱徒，团结互助，关心集体。

尊重群众，密切工农，共建文明。

6. 职业技能鉴定考评员职业道德行为规范

爱岗敬业，忠于职守。

公平公正，遵纪守法。

勤奋学习，开拓创新。

钻研技术，精益求精。

举止文明，礼貌待人。

7. 职业培训教师职业道德行为规范

爱岗敬业，关爱学生；为人师表，教人求真。

素质育人，和谐上进；创新育人，观念求新。

技能育人，精益求精；情感育人，奉献爱心。

技艺精湛，业务精通；教学艺术，治学严谨。

依法执教，纪律严明；团结协作，辛勤耕耘。

举止端庄，语言文明；礼貌待人，和蔼可亲。

廉洁从教，尽心尽力；忠诚职教，模范园丁。

三、以提高工程质量为目的的从业人员职业道德行为规范

下面以建筑工程业从业人员职业道德行为规范为例：

1. 爱岗敬业，忠于职守

热爱建筑业，无论在建筑业的哪一个岗位，都要认真履行岗位职责，恪尽职守。

2. 诚实守信，杜绝伪劣

坚守诚信是建筑企业的立足之本，建筑工程不得有半点虚假和马虎。

3. 办事公道，服务群众

在招投标活动中要公平公正；建筑工程监理人员要站在公正的立场上进行评判。守法、公正、诚信、科学是工程监理人员最起码的职业道德。

4. 吃苦耐劳，奉献社会

建筑工人为他人建的是新房，自己却只能长年住在条件异常艰苦的工棚里。吃苦在前、奉献社会是他们必须具备的精神。

5. 勤奋学习，开拓创新

建筑业从业人员要刻苦学习新工艺、新技术，不断提高业务水平和技术技能，坚持开拓创新，满足人民群众不断增长的物质文化生活需要。

6. 精通业务，技艺精湛

建筑业从业人员必须按照施工工艺标准和工程施工规范进行施工，不精通业务技术是不可能做到的。因此，设计、管理、监理人员要精通自己的业务；建筑技术工人也要使自己的施工技术精益求精。

7. 讲究质量，注重信誉

建筑工程事关国计民生，百年大计，质量第一，各个环节的人员都要注重质量。无论设计人员、施工人员、建筑材料的采购人员，还是建筑工程质量监理人员，都要把质量放在首位，共同对工程质量负责。

8. 遵守法纪，文明安全

要遵守《中华人民共和国建筑法》《中华人民共和国招标投标法》等法律法规和建筑设计、施工的各项规章制度，遵守职业纪律，不违法施工。在招投标过程中做到公开、公

平、公正，中标单位不搞工程的层层转包。在施工过程中，不违章作业，坚持安全文明施工。

9. 团结协作，互帮互助

建筑工程要靠集体的力量完成，所有从业人员都必须发扬现代企业的团队精神，密切合作，互相配合，以实现共同的目标。

10. 艰苦奋斗，厉行节约

建筑业苦、脏、累、险的工作多，涉及的人、财、物多，只有艰苦奋斗、勤俭节约，才能更有效地利用一切资源，高质量地完成任务。

四、个体经营者职业道德行为规范

1. 爱岗敬业，忠于职守

要树立干一行、爱一行、钻一行、行行出状元的思想，无论做什么事业都要把它做好。

2. 诚实守信，宽厚待人

在经营活动中童叟无欺，信守诺言，信守合同；待人要宽厚，不要苛求顾客，要树立“客户永远正确”的理念。

3. 办事公道，服务群众

办事要公开、公平、公正。在充分满足群众利益的情况下实现盈利，努力创造双赢的局面；服务群众要热情周到，要不断提高服务质量。

4. 爱国爱民，奉献社会

个体经营者也要培育爱祖国、爱人民之心，在祖国和人民需要的时候也能做出奉献。具体表现在多做善事，如扶贫济困、援助灾区、捐资助学、支持环保和为国防建设出钱、出力等。

5. 勤奋学习，开拓创新

个体经营者要努力学习专业知识，关心本行业的最新发展动态。即使取得一定成绩，也不要停滞不前，要树立创新思想，不断拓展业务，开发新产品，不断满足人民群众日益增长的物质文化生活需要。

6. 精通业务，技艺精湛

个体经营者要精通自己的业务和技术，不断提高管理水平、产品质量和服务质量。

7. 讲究质量，注重信誉

无论经营什么项目都要树立“质量第一”的思想，要学习质量标准，努力与国际标准接轨，不断提高质量和经营项目的知名度与社会信誉。

8. 遵守法纪，文明安全

严格遵守法律法规和行业纪律。按时足额完税，不偷税、漏税、抗税、滞纳税。经营活动中不故意违法，不掺杂使假，不坑、蒙、拐、骗。严格执行国家关于安全生产的法律、法规、条例和安全操作规程。安全第一，预防为主，及时排除安全隐患。保护环境，坚持文明生产、文明经营。

9. 团结协作，互帮互助

个体经营者要自觉处理好与行政部门的关系，与雇员的关系，以及本单位与协作单位的关系，真诚待人，爱护雇员，雇员有困难要及时帮助。同行之间要有竞争有合作，破除“同行是冤家”的陈腐观念，不搞不正当竞争。

10. 艰苦奋斗，厉行节约

家业大了，钱挣多了，也要过紧日子，不奢侈浪费，不能盲目地与他人比阔气。

◎ 思考与练习

1. 什么是职业道德行为规范？
2. 职业道德基本行为规范的内容有哪些？
3. 请举例说明什么是职业道德特殊行为规范。
4. 结合自己从事的职业谈谈如何遵守职业道德行为规范。
5. 遵守职业道德行为规范的意义是什么？
6. 你打算如何遵守法纪，在职业活动中文明安全地生产或工作？

第四章

职业道德修养

从业人员要搞好道德和职业道德修养必须与时俱进，深入学习贯彻党的十八大、十九大关于加强思想道德建设的系列论述，学习新时代社会主义核心价值观，即富强、民主、文明、和谐，自由、平等、公正、法治，爱国、敬业、诚信、友善。习总书记在《关于青年要自觉践行社会主义核心价值观》中指出："核心价值观，其实就是一种德，既是个人的德，也是一种大德，就是国家的德、社会的德。国无德不兴，人无德不立。"这是对每一位从业人员加强道德、职业道德修养的总要求。

从业人员的职业道德不是先天就有的，而是在职业活动中不断自我教育、自我磨炼、自我完善而逐渐形成的。职业道德的自我教育、自我磨炼、自我完善也即职业道德的修养。这种修养的过程，就是一个如何选择职业道德行为，如何评价所选择的职业道德行为和如何在职业实践中努力体现这种职业道德行为的过程。

第一节　职业道德行为选择

明确什么是职业道德行为，懂得如何进行职业道德行为选择，是职业道德修养的基础和前提。

一、道德行为

人的行为是人类的一种生存方式，具有多种多样的层次结构和复杂的表现形式，比如，政治行为、经济行为、法律行为、艺术行为、道德行为和日常生活行为等。其中，道德行为主要研究的是各种社会行为的道德意义。

道德行为是指在道德意识支配下表现出来的，对他人和社会有利害关系，可进行善恶评价的行为。这种行为不仅是人的道德意识在外部的具体表现，也是人的道德品质在外部的具体表现，还是实现道德动机的唯一手段。

道德行为分为善行和恶行两种。"善行"是指"应该"的行为，也就是人们通常讲的道德行为。它是指行为人从善良的动机出发，做出有利于他人和社会的事情，能够得到"善"的评价的行为。"恶行"是指"不应该"的行为，就是人们通常讲的不道德的行为，它是指行为人从非善或邪恶的动机出发，做出有害于他人和社会的事情，不可能得到“善”的评价的行为。

二、职业道德行为

把道德行为与职业活动联系起来，就产生了职业道德行为。职业道德行为就是从业人员在职业活动中，按照道德原则和规范的要求，处理自己与他人、自己与社会、自己与国家的利益关系时表现出来的行为。这种行为可以联系职业活动进行善恶评价。职业道德行为包括符合职业道德的行为和违反职业道德的行为两种。凡是符合职业道德要求的行为，就是道德的行为或善的行为；凡是违背职业道德要求的行为，就是不道德的行为或恶的行为。比如，医生对病人如亲人，认真诊治，根据病情处方配药，耐心负责地说明服药方法和剂量，那么他的动机就是善良的，医德也是高尚的；反之，动机就坏，医德就差。又如厨师，自己讲究个人卫生，衣帽整洁干净，患了传染病及时停厨治疗，或自觉离开厨师岗位，那么他的心地是善良的，他的行为是符合厨师职业道德要求的，因此，他也是高尚的；反之，其职业道德就是不好的，是可恶的。

职业道德行为与职业活动紧密相连，与内心世界息息相关，对他人和社会影响重大，其主要特点见第一章第一节。

三、职业道德行为的选择

职业道德行为选择是从业人员职业道德活动的一种形式，它是指人们在职业活动中，有几种可能的行为方向时，由当事人做出的自觉自愿的行动方向选择。人们的这种选择，是为了达到某一道德目的而主动做出的取舍，并对这种取舍的后果负道义上的责任。

选择职业道德行为既受当事人道德意识观念的影响，也受当事人道德品质好坏的影响；既有道德因素的制约，也有非道德因素（如个人性格、兴趣）的影响；既有主观选择的“自由”，也有客观因素的左右。因此，职业道德行为选择在职业道德修养中是一个复杂的道德现象和道德活动过程，也是职业道德修养必须正视而不能回避的重要课题。

职业道德行为选择是一个复杂的道德现象和道德活动过程，从职业道德行为选择的善恶性质和选择处境的构成等多方面综合考虑，可以将职业道德行为选择划分为以下三种类型。

第一种是在社会价值的多种可能性中进行职业道德行为选择。这里讲的意思是一项职业活动要产生多种社会价值，不管选择哪种道德行为方式，都会产生相应的社会价值。在这种情况下，人们应根据所追求的主要社会价值来选取其行为。在选择行为时，一定要注意不要出现顾此失彼的现象。例如，我们在选择道德行为方式时，既要避免因片面追求经济效益而导致自己选择的行为丧失其应有的道德价值的情况，又要避免因片面追求道德的自我完善而使自己选择的行为严重影响经济效益的情况发生。在社会主义市场经济条件下，这一点特别重要。

第二种是在同属于善的多种层次中进行职业道德行为选择。也就是说，人们选择的职业道德行为都属于善的范围，但有层次的差别。在这种情况下，行为选择的层次越高，道德水准就越高。比如，在公私关系问题上，在属于善的范围内存在着公私分明、先公后私、公而忘私三个层次。对于从业人员来说，无论做出哪一种选择，都是一种善行选择，但是选择先公后私就比选择公私分明的道德境界要高，选择公而忘私又比选择先公后私的道德境界更高。因此，在进行职业道德修养时，要使自己选择的职业道德行为不断由较低层次提升到更高层次。

第三种是在善恶对立的处境中进行职业道德行为选择。这种情况是指在一些情况下，选择的职业道德行为不善就恶、不好即坏，必须做出二者必取其一的选择。比如，民警看见歹徒打架斗殴、扰乱社会治安，不顾个人安危及时制止，这种行为选择就是“善行”；如视而不见，避而逃之，这种行为选择就是“恶行”。教师见学生违纪，及时教育帮助，是“善行”；不闻不问不管就是“恶行”。企业职工在生产过程中，考虑到产品对他人、对其他企业、对社会的影响，选择保质保量、精益求精的行为，这是“善行”；如选择马虎敷衍、粗制滥造的行为就是“恶行”。按职业道德原则和规范的要求，在“不善即恶”的对立处境中，应当，也必须择其善者而从之。

需要指出的是，对职业道德行为选择类型的划分，只具有相对的意义。在职业活动中，往往是各种类型交织在一起。在进行职业道德行为选择时，要根据当时、当地的实际情况，当时、当地的处境，认真考察和综合权衡当时、当地的客观条件和主观条件，按职业道德原则和规范的要求，慎重地选择自己的职业道德行为。

第二节 职业道德行为评价

一、职业道德行为评价的含义

在职业活动中，我们常常会自觉或不自觉地评论他人的言行，我们的言行也常常被他人评论，职业活动中这种“评头论足”的现象，就是职业道德评价。人们对职业道德行为好与坏的评价，总是根据一定的标准，这个标准就是通常所说的职业道德规范和原则；人们对职业道德行为的评价，也要有相应的方式和途径，这种方式和途径主要是社会舆论、职业习俗和内心信念等。把上面的意思全面综合起来，就可以给职业道德行为评价下这样一个定义：所谓职业道德行为评价，是指人们根据一定社会的职业道德原则和规范，通过社会舆论、职业习俗和内心信念等形式，对他人或自己的职业道德行为所进行的善恶判断。对职业行为的善恶做出判断，这既是职业道德行为评价的出发点，也是职业道德行为评价应完成的任务和要达到的直接目的。职业道德行为评价既是职业道德活动的一种重要方式，又是职业道德修养的一种重要方法；既是职业道德理论体系的有机组成部分，又是职业道德实践的重要内容。职业道德行为评价在职业道德一系列活动中，具有十分重要的地位。

职业道德行为评价与职业道德行为选择具有承前启后的关系，如果是职业道德行为选择在前，评价在后，这种评价就是对职业道德行为选择的评价。职业道德行为选择与职业道德行为评价，在维护职业道德原则和规范，形成从业人员良好职业道德品质，树立良好的行业风气、良好的社会风气等方面，共同起着非常重要的作用。

二、职业道德行为评价的标准

评价事物要有相应的标准。例如，用米尺量长度，米尺就是用来“评价”（度量）长度的标准；用答案评定考生成绩，答案就是“评价”（评定）考生成绩的标准。对职业道德行为评价的标准，既不是具体的度量衡，也不是客观的答案，而是属于道德范畴中的两个重要概念，即善与恶。社会主义的善与恶是评价职业道德行为的根本标准。在具体的职业活动中，人们常常根据实际情况，用正义与非正义、公正与偏私、高尚与卑鄙、诚实与虚伪、光荣与耻辱以及好与坏等概念来评价人们的职业道德行为。需要说明的是，这些不同的用语，都是善与恶这个根本标准在不同职业道德环境中的具体表现，而不存在有多种标准来评价职业道德行为的情况。因为，凡是正义、公正、高尚、诚实、光荣等好的职业行为，都是“善行”，是值得学习、仿效和提倡的道德行为；凡是非正义、偏私、卑鄙、虚伪、耻辱等坏的职业行为，都是“恶行”，都是应该批判、惩罚和抑制的非道德行为。

在具体的职业活动中，或在具体的职业岗位上，评价行为的善与恶，需要有更直接更具体的标准，这个标准就是职业道德原则和规范。因此，当我们说职业道德原则和规范是评价职业道德行为的标准的时候，并不是又出现了什么新标准，它只不过是善与恶这个根本标准在职业岗位和职业活动方面的具体表现。换句话说：凡是符合职业道德原则和规范的职业行为，就是“善行”；凡是违背了职业道德原则和规范的职业行为，就是“恶行”。社会主义把全心全意为人民服务作为职业道德的核心，把集体主义作为职业道德的基本原则，并根据这一核心和基本原则的要求，建立起了相应的职业道德规范体系。因此，在职业活动中，凡是符合全心全意为人民服务、体现集体主义精神，遵循社会主义职业道德规范的职业行为，就是“善行”；反之，就是“恶行”。

在有阶级的社会里，每个阶级都有自己的职业道德行为评价标准，而这种评价标准的背后，是各个阶级、各个阶层的利益。因此，职业道德作为评价标准，随着历史的变迁和阶级的不同而不同，有其鲜明的阶级性特征。由于职业道德行为评价标准反映了各个阶级的利益，因此，善恶标准在根本上就表现为一种利益标准。从这个角度对职业道德行为进行善恶评价，可以说：凡是促进社会生产力发展，符合社会发展客观规律，有利于社会进步的行为，符合进步阶级利益的职业行为就是善的、道德的；凡是阻碍社会生产力发展、违背社会发展客观规律、有碍于社会进步、不符合先进阶级利益的行为，就是不道德的“恶行”。无产阶级是人类有史以来最进步、最有前途的阶级，无产阶级的利益与绝大多数社会成员的利益以及人类社会的长远利益是根本一致的。社会主义职业道德原则和规范就是无产阶级的道德原则和规范，既符合广大人民群众的根本利益，又与社会发展进步相一致，因此，它作为评价行为善恶的标准，不仅是正确的，而且是客观的；不仅是进步的，而且是科学的。

三、职业道德行为评价的类型

职业道德行为评价，按评价主体不同可以分为社会评价、集体评价和自我评价三种类型。

1. 社会评价

社会评价是指社会各方面对从业人员的职业道德行为做出的善恶判断和所表明的倾向性态度。其中，社会各方面主要指各种社会组织、职业团体，各种媒体和从业人员的服务对象等。他们站在“旁观者”角度，对从业人员的职业行为做出善恶褒贬的判断，并通过社会舆论、传统习俗等方式传递给从业人员，从而起到对其鼓励、赞扬或惩罚、批评的作用。社会评价对从业人员所起的作用是外力作用，这种作用是有巨大影响力的，甚至是带有强制性的，可以有效调节从业人员的职业道德行为。

2. 集体评价

集体评价是指从业人员所在集体（班组、单位等）对其职业道德行为做出的善恶判断和所表明的态度。由于集体评价是由从业人员所在集体对其做出的，从业人员是其中的一员，因此，集体评价对从业人员的影响最直接，对其职业道德行为的调整也最有效。

3. 自我评价

自我评价是指从业人员对自己的行为所进行的善恶判断和所表明的倾向性态度。在自我评价中，从业人员既是评价者，又是被评价者。这种评价主要靠从业人员的职业良心、职业义务感和职业责任感起作用，它能在反躬自省、扪心自问过程中毫不留情地解剖自己，严格按职业道德原则和规范要求检验自己的一言一行，并形成坚定的内心信念。自我评价往往能起到社会评价和集体评价没能起到的作用。一般来说，从业人员的职业道德行为处在社会评价、集体评价和自我评价三种评价交叉并行的体系中，如果从业人员注重社会评价，接受集体评价，严于进行自我评价，其职业道德水平就会在良性循环中不断提高。

四、职业道德行为评价的原则

一般来说，职业道德行为是从业人员在一定道德意识支配下做出的有利于或有害于他人和社会的职业行为。这里所说的“道德意识”，指的是职业行为的“动机”；这里所说的“有利或有害”，指的是行为的“效果”。由于动机与效果统一与否的情况是复杂的，因此，对职业道德行为的评价也是复杂的。在这种情况下，一定要明确道德评价的依据，掌握道德评价的原则。

司法判案是“以事实为依据，以法律为准绳”。对职业道德行为进行评价应“以动机与效果的统一为依据，以善恶标准为准绳”，只要坚持以这样的依据和准绳做评价，就能对从业人员的职业道德行为做出全面正确的判断，从而使职业道德行为评价在职业道德建设中发挥应有的作用。在坚持职业道德行为评价的依据和准绳中，应掌握以下三个原则：

第一，全面辩证地考察和判断从业人员职业行为的动机与效果。这是职业道德评价最重要的原则。在对职业行为进行评价时，不能只看动机、不看效果，否则就会把那些说大话、空话、假话，不顾后果一味蛮干的人视为有道德的人。同样，也不能只看效果、不看动机，否则也会把出自善良愿望，并尽了最大努力，因各种预料不到的原因而没有收到预期效果的行为看作是不道德的行为。

第二，在动机和效果的善恶状况都不清楚的情况下，首先应侧重于效果善恶的考察。效果的善恶比动机的善恶更容易直接明显地表现出来，也更容易被人们所感知，人们就更容易根据善恶效果来判定善恶，而且检验动机的善恶也要依据从业人员的行为及其效果。如果根据一时一事的行为效果尚不能判断其动机善恶，就应当进一步考察当事人以往的行为及其产生的效果。

第三，在动机和效果的善恶状况已明朗的情况下，对某一职业行为善恶与否的判断，应着重看其动机。一般来说，对“动机好，效果好”和“动机坏，效果坏”的情况容易评价，对“好心办坏事”和“歪打正着”的情况就要具体分析，绝不能“只看结果不问过程”，纵容实用主义和不择手段的行为发生。

掌握好以上三个原则，才可能对职业行为做出比较公正合理的评价。

五、职业道德行为评价的方式

职业道德行为评价的基本方式，主要是社会舆论、职业习俗和内心信念。

1. 社会舆论

社会舆论，是指在一定的社会生活范围内，对某种事件、现象、行为等评价对象，用语言文字表达的某种倾向性意见。社会舆论在职业生活中广泛存在并渗透于职业生活的各个方面。在职业道德行为评价中，社会舆论具有外在的强制作用。舆论能够形成“另一个法庭——社会舆论的法庭”。常言所说的“舆论压力”就是社会舆论在道德评价中的强制作用表现。广义而言的社会舆论多种多样：从内容方面看，有政治、宗教、文艺方面的舆论，也有道德方面的舆论（它是进行道德评价的最基本方式之一）；从表现形式上看，有正式舆论（国家机关、社会组织通过报刊、电视、互联网等媒体传播），也有非正式舆论（个人自发表达的观点、街谈巷议等）；从性质上看，有正确的、进步的、革命的舆论，也有错误的、落后的、反动的舆论。狭义而言的社会舆论，仅指消除个人意见差异的、反映多数人整体知觉和集合意识的共同意见。职业道德行为评价中的社会舆论是从狭义而言的社会舆论。

职业道德行为评价中的社会舆论，对职业活动中的一些行为，用善良、公正、高尚、诚实等言词给予肯定评价，对这些“善行”进行赞扬和褒奖；对职业活动中的另一些行为用丑恶、偏私、卑鄙、虚伪等言词进行否定评价，对这些“恶行”进行批评和谴责。这种社会舆论的目的是扬善惩恶、褒良贬丑，以维护社会主义职业道德原则和规范的权威。它是影响从业人员道德意识和职业行为的强大精神力量，是进行职业道德行为评价最重要的手段。在使用社会舆论和接受社会舆论信息时，应特别注意辨别“街谈巷议”“七嘴八舌”“道听途说”这些非正式舆论中的不健康成分，剔除那些颠倒黑白、混淆是非的错误舆论的干扰，这样才能保证道德评价中的社会舆论起到它应有的积极作用——社会舆论道德法庭的作用。

2. 职业习俗

职业习俗包括行业传统、职业习惯等，是从业人员在长期的职业活动中形成的一种稳定的、习以为常的职业行为倾向和行为方式。它通过“合俗”与“不合俗”来评价从业人员职业行为的善与恶。在这种评价标准中，凡是符合传统行为习惯的就是道德的、善良的；凡是不符合传统行为习惯的就是不道德的、丑恶的。职业习俗对人有一种长期潜移默化的影响，给人一种历来如此的深刻印象，凭借这种“惯性”，人们往往不假思索，就自然而然地接受它对自己职业行为的支配，左右人们的职业行为。优良的职业习俗，对现成的职业道德行为规范起补充和制约的作用，它是对职业道德行为进行善恶评价的一种不可忽视的手段和力量。在使用职业习俗对职业道德行为进行评价时，要注意发挥有生命力和积极作用的优良职业习俗的作用，否定和抛弃陈旧过时、起阻碍进步作用的职业陋俗，提倡和养成新的符合社会主义职业道德原则和规范的职业习俗。

3. 内心信念

内心信念是从业人员发自内心地对某种职业道德原则规范的真诚信奉和自觉自愿地履行职业道德义务的责任感。它是一定道德观念、道德情感、道德意志和职业习俗在个人内心深处的凝结。职业道德中的内心信念就是人们日常生活中所说的职业良心。人们的内心信念一旦形成，不仅会成为进行职业道德行为评价的直接标准，而且会成为进行职业道德行为评价的内在动力。内心信念是进行职业道德行为评价的思想基础，有助于不断调整从业人员的职业道德行为，把握职业道德行为的方向。内心信念对职业道德行为的评价是发自内心的，因此，它对职业道德行为的调节比社会舆论和职业习俗更具有效性。

应引起我们重视的是，内心信念对职业道德行为的评价有一定的主观色彩，做出的评价是否符合客观实际还应经受实践的检验。社会舆论、职业习俗、内心信念在职业道德行为评价中各有其特殊的作用，在职业道德评价时应充分发挥每一种评价的优势，使其互相促进、更加完善。要综合运用各种评价方式，对善良的职业道德行为进行褒扬，对扭曲的职业道德行为进行校正，对丑恶的违背职业道德的行为进行揭露和鞭挞。

六、职业道德行为评价的作用

职业道德行为评价能起到裁判作用、激励作用、调节作用和导向作用。

1. 裁判作用

职业道德行为评价的裁判作用就是依据职业道德标准，对从业人员的职业道德意识和行为是否正确做出评判和裁决。它帮助人们明辨善恶、好坏、是非、正邪、忠奸、荣辱等职业道德行为和现象，使从业人员明白：在职业活动中，哪些言行是对的，哪些言行是错的。这种裁判作用会给人们指明方向，维护职业道德原则和规范的权威。

2. 激励作用

职业道德行为评价的激励作用就是对职业道德行为的正确与错误进行褒奖或批评，以鼓励和支持正确的，揭露和批评错误的，使符合职业道德原则和规范的言、行、人、事及时得到表扬支持，让广大从业人员来效仿学习；同时，使违背职业道德的言、行、人、事得到揭露和鞭挞，以形成一种压力，促使行为当事人予以纠正。尤其是在正义言行处于弱势，道德败坏、恶行坏习蔓延滋长的情况下，职业道德行为评价的激励作用就成为人们除恶扬善的强大精神力量。

3. 调节作用

职业道德行为评价的调节作用，是指职业道德行为评价具有调节从业人员与他人、与集体、与社会之间关系的协调作用。这种调节作用会使人与人之间的关系更和谐，使从业人员与集体之间的关系更加顺畅，使行风和社会风气更快地向着好的方面转。换句话说，职业道德评价不仅可以调节职业道德行为活动中不健康、不和谐的地方，而且也能纠正背离职业道德要求轨道的言行，使之重新回到健康的轨道上来。在调节中，建立在内心信念基础上的自我评价具有特殊的作用。

4. 导向作用

职业道德行为的导向作用，是指职业道德行为评价对从业人员的职业道德修养有指明方向的作用，对各行业的行风建设有引领航向的作用。比如社会舆论倡导的、职业习俗支持的、内心信念认定的善言、善行、善人、善事，就是值得人们学习、效仿的，是人们应当尽力做到的；反之，就是人们应当批判、抛弃的，也是人们在职业活动中应当尽量避免的。职业道德行为评价将引领从业人员走上职业道德原则和规范铺就的健康轨道，把从业人员的职业道德修养提升到更高的境界。

第三节 职业道德行为修养

职业道德行为的选择与职业道德行为评价，既是进行职业道德修养的必备基础和必要前提，又是职业道德修养本身的重要内容和有效途径。

一、职业道德行为修养的含义

修养，是指个人在政治、思想、道德品质、知识技能等方面，经过学习和自我锻炼所达到的一定水平，包括政治修养、文学修养、思想品质修养、社会公德修养、职业道德修养等，也可以指达到这一水平的努力过程。

职业道德行为修养，就是根据职业道德原则与规范的要求，在职业活动过程中进行自我教育、自我锻炼和自我改造，从而形成良好的职业道德品质、达到期望的职业道德修养境界的过程。

二、职业道德行为修养的内容

职业道德行为修养的内容包括职业道德知识、职业道德规范、职业道德品质和职业道德自育四个方面。

1. 职业道德知识

职业道德知识主要包括职业道德基本理论知识、职业道德范畴、职业道德行为规范等方面的知识。理解和掌握这些基本理论和知识，是进行职业道德修养的基础。

2. 职业道德规范

职业道德规范主要包括四个层面：公民基本道德规范，"20字"职业道德主要行为规范和比较具体的职业道德基本行为规范，本行业职业道德规范，所在岗位职业道德规范。

职工是公民，首先应遵守"爱国守法、明礼诚信、团结友善、勤俭自强、敬业奉献"的基本道德规范，公民道德规范既是公民道德要求也是职业道德要求。"爱岗敬业、诚实守信、办事公道、服务群众、奉献社会"20个字的职业道德行为规范与比较具体的职业道德基本行为规范是对所有从业人员提出的共同要求，因此每个从业人员都应遵守。一个行业的职业道德规范，全行业从业人员都应共同遵守。所在工作岗位的职业道德规范，是最具体的道德规范，应从我做起，从本岗位做起。四个层面的道德规范，讲的是怎么做才能符合职业道德的要求，是从业人员在职业活动中必须熟知并努力做到的。

3. 职业道德品质

职业道德品质包括职业道德认识、道德情感、道德意志、道德信念、道德行为习惯等方面的内容。在职业活动中，人们在职业道德基本理论的指导下，按职业道德规范的要求，进行职业道德实践，把职业道德各项规范内化为自觉的道德意识和行为，就形成了职业道德品质。

4. 职业道德自育

职业道德自育包括为达到职业道德的一定境界所进行的自我教育、自我锻炼、自我改造、自我陶冶和自我反省。这是一个动态过程，也是一个长期修炼的过程，需要坚定的意志，持之以恒地修正自己的职业道德行为。这是职业道德修养最有生命力、最重要的内容。

三、职业道德行为修养的意义

1. 有利于提高个人的职业道德素质

一个人的职业道德品质既不是先天就有的，也不会不知不觉自然地形成。即便是接受职业道德教育，也只是帮助自己提高职业道德水平的外因条件。职业道德素质的真正提高，更有赖于个人对职业道德的自觉修养。自觉修养是提高个人职业道德素质的原动力。

对于每个从业人员来说，职业道德的修养，重在自我学习、自我教育、自我锻炼、自我改造和自我反省。通过这一连续长期、反复循环的"自我"修养过程，就能逐渐达到应有的职业道德水平，形成自己稳定的正确区分职业行为中善良与丑恶、诚信与虚伪、高尚与卑鄙、自私与奉献、光荣与耻辱等方面的内心信念。有了这种正确的内心信念，就能在职业活动中自觉调整自己的职业行为，以达到职业道德原则和职业道德规范的要求，使自己的职业道德水平不断攀升到更高的境界。在职业活动中，常常可以发现这样的情况：凡是职业道德差的人，都是不重视职业道德修养的人；凡是职业道德高尚的人，都是自觉进行职业道德修养的人。实践证明，通过加强职业道德修养，可以帮助从业人员做到：

（1）树立起爱岗敬业的职业道德意识，在职业岗位上忠于职守，干一行、爱一行、专一行，勤勤恳恳、兢兢业业地工作，从而促进其职业生涯的发展。

（2）懂得在职业活动中如何换位思考，理解别人，尊重别人；设身处地为他人着想，给他人以主动配合、积极帮助和有力支持；虚心向他人学习，以人之长补己之短，以己之长帮人之短；与同事和谐相处，通力协作，共同进步，使职业生活中的人际关系处于和谐融洽、互助友好的良好状态。

（3）自觉遵纪守法，主动履行职业义务，保质保量完成生产工作任务；处处为消费者利益着想，实事求是纠正工作中的缺点和错误；热情周到、主动文明地为人民服务，从而在广大消费者和人民群众中树立起良好的职业信誉。

（4）懂得如不按职业道德规范的原则来约束自己，超出职业道德范畴的要求，就会受到职业良心的谴责，甚至还可能触犯党纪国法，扰乱社会秩序，会被追究相应的责任，受到相应的惩处；反之，按正确的职业道德原则和规范说话、做人、行事，就既能对不道德的行为起到防范作用，又能得到社会的好评。

（5）培养健康的职业理想、正确的职业态度、优良的职业作风、良好的职业心理，以一种稳定健康的心态对待职业、对待工作、对待他人，愉快地度过自己的职业生涯。

2. 有利于发挥职业道德的社会功能

正如第一章第一节中阐述过的，职业道德的社会功能反映在：规范全社会职业秩序和劳动者的职业行为；提高劳动的质量、效益和确保职业安全以促进社会生产力的发展；提高劳动者的职业素质；提高党和政府的执政能力；促进企业文化建设；促进社会良好道德风尚的形成。职业道德的社会功能是以从业人员的道德实践为基础，通过人们的职业道德行为来实现的。因此，加强从业人员职业道德修养，是发挥职业道德社会功能的重要前提。

3. 有利于行业的职业道德建设

我国的职业工种有数千个门类。在社会生活和现代化建设中，每个职业都是不可缺少的重要组成部分，任何职业都需要其他职业的服务与支持，任何职业也都必须为其他职业服务并支持其他职业的发展。职业不同，只说明分工有别，职业本身没有高低贵贱之分，各个职业岗位的从业人员都应恪守相应的职业道德。如果每个人、每个班组、每个部门、每个单位、每个行业都注重职业道德修养，就会形成互相学习、互相帮助、互为榜样、共同进步的可喜局面，分布在各行业、不同所有制性质、不同地区、不同单位的从业人员的职业道德水平也都能得到提高。

4. 有利于中华民族优良道德传统的弘扬

人类社会生活分为公共生活、职业生活和家庭生活。每个人的生存空间不在公共场所就在职业岗位或在自己家庭。在职业生活中修养成的职业道德与公共场所应具备的社会公德和在家庭生活中应有的家庭美德，具有正相关关系。如职业道德基本行为规范要求的互相尊重、礼貌待人、保护环境、造福后代、互相帮助、助人为乐、爱护公物、遵纪守法等，同样适用于在公共场所对社会公德的要求；又如职业生活中互相关心、互相尊重、互相帮助、团结互爱、和睦相处、勤俭节约等要求，同样适用于家庭美德。职业道德与社会公德、家庭美德相辅相成，互为基础，互相促进。因此，加强职业道德修养，不仅有利于提高职业道德本身，还有利于社会公德和家庭美德的修养，进而有利于中华民族优良道德传统得到更好的发扬。

四、职业道德修养的方法

职业道德修养的方法很多，不同的人往往有自己不同的修养方法。职业道德修养是一个连续不断、循环往复、逐渐攀升的过程。根据现代职业生活的多元化特点和社会主义市场经济对从业人员职业道德素质的要求，应大力提倡并从以下六个方面来加强职业道德修养。

1. 认真学习职业道德理论

职业生活中的文明、理智、勤奋、诚实、谦虚、明理、无私、守信、坚定、高尚、责任心、忠于职守等优良品质，总是与知识积累、文化底蕴相联系的；野蛮、懒惰、虚伪、傲慢、狭隘、利己、欺诈、卑鄙、失职等恶劣德行总是与无知愚昧、不学无术相联系的。因此，要进行职业道德修养，首先就必须认真学习，提高自己的职业道德理论认识水平。

认真学习，是职业道德修养的起点。孔子曰："德之不修，学之不讲，闻义不能徙，不善不能改，是吾忧也。"（《论语·述而》）孔子把修德、讲学、依从道义、改正缺点联系在一起，也说明了学习对于修德的重要性。古人尚明此理，今人更应如此。1943 年，正处在抗日战争艰难时期，已经 45 岁的周恩来撰写的《我的修养要则》中第一条就是"加紧学习，抓住中心，宁精勿杂，宁专勿多"，第六条中又提出"向群众学习"。革命先驱李大钊说过："知识是引导人生到光明与真实境界的灯烛。"许许多多的革命前辈都是认真学习的典范，我们应当向他们学习，多掌握有用知识，使自己的道德品质升华到更高的境界。当前，首先应认真学习马克思主义的科学理论，尤其要学好邓小平理论、"三个代表"重要思想和科学发展观、习近平新时代中国特色社会主义思想，明确职业道德修养的目的，把握职业道德修养的方向，以便更好地进行职业道德修养。其次要认真学习有关职业道德的基本知识，明确职业道德的规范要求，把握职业道德修养的标准，为进一步修养职业道德打下坚实的基础。同时还要加强文化知识、专业理论、操作技能的学习，这样才能精通业务，更好地在自己的岗位上履行职责，为社会多做贡献。

2. 虚心接受职业道德教育

职业道德教育就是根据职业道德原则和规范的要求，有目的、有组织、有计划、有步骤地对从业人员施加系统的职业道德影响的过程和活动。它能帮助从业人员掌握职业道德的原则、规范、范畴和要求，提高道德认识水平，以便选择正确的职业道德行为，养成良好的职业道德习惯，形成优秀的职业道德品质。

要加强职业道德修养，就应当更多地接受职业道德教育。可以通过阅读有关书刊杂志、借助广播电视传媒学习，参加有关培训来接受教育，也可以通过评奖活动向先进典型学习，还可以参加有关文娱活动、知识竞赛、演讲比赛、座谈会，开展谈心等活动来吸收职业道德营养，净化自己的心灵。接受职业道德教育要自觉、要虚心。自觉就是发自内心，心甘情愿，主动而不是被动地接受教育；虚心就是接受教育要态度端正、虚怀若谷，学人之长、补己之短，严格解剖自己，找出解决问题的措施。通过接受教育，提高职业道德认识，履行职业道德义务，陶冶职业道德情操，锻炼职业道德意志，端正职业道德行为，坚定职业道德信念，以形成职业道德习惯和优良品质。

3. 努力培养职业道德情感

在职业活动中要努力培养自身的职业道德情感。职业道德情感是在职业活动中产生的有利于党和国家、有利于人民、有利于职业活动的良好道德情绪。职业道德情感包括爱祖国、爱人民、爱社会主义、爱科学、爱劳动。在职业活动中要努力培养随时为祖国、为人民奉献一切的献身精神情感；要努力培养热爱本职工作的敬业情感；要努力培养仁爱之心，职业良心、良知、善心、扶贫济困的同情之心的良好情绪；同时还要培养嫉恶如仇，敢于和敌人斗争的爱国情怀，敢于和坏人坏事斗争的见义勇为勇敢情怀；要培养自身的职业荣誉、职业幸福情感；要培养自身对于违反道德、职业道德行为（如违纪、违规甚至违法）的职业道德羞耻感、惭愧感、罪恶感。以上这些情感培养和情绪体验都属于职业道德情感修养的范畴。只有有了这些荣辱观、善恶观的道德情绪、情感体验，才会在职业行为中产生慎独、自律、自省、自我约束，才会具有在党和人民最需要的时候奉献自己一切的献身精神，才会产生热爱人民、热爱劳动的大爱之心和良心、善心。

4. 正确选择职业道德行为

在职业道德实践之前，对职业道德行为做出正确的选择，以避免在实践中走弯路、走错路。

在职业生活中，要做到：第一，学会选择有道德意义的职业道德行为。第二，在有职业道德意义的行为中，选择对他人有益、对单位有利、对社会有价值的、高尚的、善意的行为而为之；对他人无益、对单位不利、对社会有害的卑鄙或恶意的行为，一定要放弃。第三，在同样是善行的道德行为中，应选择层次更高、意义更大的职业道德行为。

5. 积极参加职业道德实践

积极参加职业道德实践，是进行职业道德修养最重要、最关键、最根本的方法。职业道德实践在职业道德修养过程中具有决定性的意义。只有理论联系实际，才能把职业道德的原则和规范变为自己的真实行为；只有言行一致，才能把职业道德的理念转化为自己的道德品质，从而达到职业道德修养的目的，实现动机与效果的统一。

通过职业道德实践来进行职业道德修养，必须把职业道德与具体的职业行为相结合，与日常的职业活动相联系，日积月累，从积小善到积大德。“积土成山，积水成渊”，就是这个道理。在具体岗位上，在日常的职业活动中，坚持从我做起，“勿以恶小而为之，勿以善小而不为”，从微不足道的小事做起，不弃小善，终能积成大德。在积小善的同时，还要不断祛恶，不断检点自己的言行，排除道德意识中的恶念，摒弃道德行为中的恶行，使自己的品行达到更高境界。

在职业道德实践中，要去掉坏行恶习，就需要顽强的毅力。在改造客观世界的同时，也不断地自觉地磨炼自己，改造自己。没有顽强毅力的支撑，要达到弃恶扬善这一境界是不可能的。职业道德品质和职业道德行为践行能力的培养，要经历一个由认识到实践又由实践到认识不断循环往复的过程，必须长期坚持，几十年如一日地自觉修炼，才能收到令人满意的实效。

6. 科学开展职业道德评价

职业道德评价实际上就是对从业人员在职业生活中的职业道德行为的善恶、是非、正误做出评判。其目的是对善的、正确的言行要坚持并发扬光大，对恶的、错误的言行要坚决摒弃，对不符合职业道德原则和规范的行为要坚决校正。开展职业道德评价，是职业道德修养最重要的方法之一。

职业道德评价必须科学。首先，要坚持把职业道德的核心、原则和规范作为评价标准。只有这样，才有正确的导向，职业道德评价才能在科学的轨道上运行。其次，要综合运用自我评价、集体评价和社会评价的立体评价体系，从各个角度、各个方面、各个层面对从业人员的职业道德行为做出全面诊断，严格地约束自己的职业道德言行；同时必须采用社会舆论、职业习俗和内心信念等多种评价方式，来帮助从业人员规范职业道德行为，提高职业道德水平。

职业道德评价中最重要的是自我评价。如果从业人员能够结合职业道德实践，严于解剖自己，反躬自省，毫不留情地挑出自己的问题，找出差距，切实地订好措施，认真地实践实践再实践，就会收到更好的效果。通过自我评价，会更有利于形成内心信念，而内心信念才真正是弃恶扬善的精神力量，是调整职业道德行为的动力内因。

7. 不断提高职业道德境界

职业道德境界，是指从业人员经过职业道德修养达到的职业道德觉悟程度，这种程度包括职业道德水平的高度和职业道德内涵的广度。人们在职业活动中的道德起点，可称为初始职业道德境界，通过修养要达到的最后目标可叫做理想职业道德境界。由初始职业道德境界到理想职业道德境界中间的一系列等级梯度，称为中间职业道德境界。每个注重职业道德修养的人，都是从初始职业道德境界出发，经过一系列中间职业道德境界，走向理想职业道德境界的。职业道德修养的任务与目标，就是要不断跨越一个又一个中间职业道德境界，到达更高境界或理想境界。

职业道德修养，从初始境界到理想境界，是个长期修炼的过程，也是一个无止境的过程。在这一过程中，因为种种原因，可能出现曲折、起伏，甚至回落，但我们一定要坚定信念，以顽强的意志和毅力，一步一步往前走，一级一级往上攀，进行不间断的锻炼与修养，使我们在职业道德的山脉中站得更高、看得更远。职业道德修养的最高境界是“慎独”。“慎独”的意思是在个人独处活动、无人监督、有做坏事的条件并且不会被发觉的情况下，仍能坚持自己的道德信念，自觉地按照一定道德准则去行事而不做坏事。职业道德修养到了无人监督就能自觉做好事不做坏事的境界，不能不说是一种最高境界。要达到这种境界虽然很难，但我们也要不断追求，从那些看不见、听不着、不外显、社会舆论难于监督、职业习俗难于约束的言行开始，自觉修炼，在“隐”（蔽）和“微”（小）的地方下功夫，做到有人在场和无人在场一个样，大事与小事一个样。可以说，职业道德修养，根在实践，贵在自觉，重在坚持，难在“慎独”。不断修养既是一种方法，也是一个过程，更是一种境界，只要不断修养，就能不断提高职业道德水平。

◎ 思考与练习

1. 什么是道德行为？什么是职业道德行为？
2. 职业道德行为的特点有哪些？职业道德行为选择有哪几种类型？
3. 什么是职业道德行为评价？职业道德行为评价的根本标准和具体标准是什么？
4. 职业道德行为评价的类型、原则和方式有哪些？
5. 职业道德行为评价的作用有哪些？
6. 职业道德修养的含义是什么？
7. 职业道德修养包括哪些内容？
8. 职业道德修养有何意义？
9. 职业道德修养方法有哪些？

职业道德模拟试题（一）

一、判断题（第 1~20 题，共 20 题，每题 1 分，共 20 分。判断正确的打“√”，错误的打“×”）

（　　）1. 职业道德的基本范畴主要包括职业义务、职业权力、职业责任、职业纪律、职业良心、职业荣誉、职业幸福和职业理想。

（　　）2. 社会公德、职业道德和家庭美德三者没有必然联系。

（　　）3. 法治和德治是社会主义治国的重要策略。

（　　）4. 触犯了法律就一定违反了职业道德规范。

（　　）5. 公民基本道德规范只包含了社会公德、职业道德的内容。

（　　）6. 社会主义职业道德规范，如敬业、忠于职守、勤俭节约等，是超越了社会形态和国界的。

（　　）7. 职业道德行为评价主要是指社会评价和集体评价。

（　　）8. 职业道德修养的内容包括职业道德知识、职业道德规范、职业道德品质和职业道德自育。

（　　）9. 加强职业道德建设是企业发展先进文化的重要内容。

（　　）10. 司机酒后开车只违反了有关交通法规，但不违反职业道德。

（　　）11. 职业道德与政治、经济、阶级、法治没有关系。

（　　）12. 社会主义道德包含了社会公德、家庭美德、职业道德、个人品德四德。

（　　）13. 学习职业道德的方法：一是业余自学与集中面授相结合；二是理论学习与联系实际相结合；三是个人修养与学习榜样相结合；四是把握特点与掌握重点相结合；五是知行统一与四德兼修相结合。

（　　）14. 职业道德行为评价主要起到观察作用、激励作用、调节作用、导向作用。

（　　）15.《公民道德建设实施纲要》中大力倡导的社会主义基本道德规范是：爱国守法、明礼诚信、团结友善、勤俭自强和敬业奉献。

（　　）16. 我国法律法规的重要作用之一是保障和促进精神文明建设。

（　　）17. “文明安全”不属于职业道德规范。

（　　）18. 艰苦奋斗、勤俭节约与让人民过上富裕的生活相矛盾。

（　　）19. 个人品德是个人在道德行为中所表现出来的较为稳定的品质特征，是一定的社会的道德原则和规范在个人意志和行为中的体现，是个性道德面貌的标志。

（　　）20. 服务群众最终要达到的最佳效果是优质服务。

二、单项选择题（第21~70题，共50题，每题1分，共50分。每题有4个选项，其中只有1个选项是正确的，请将正确答案的代号填入括号内）

21. 社会主义道德的基本要求是（　　）。
A. 社会公德、职业道德、家庭美德
B. 爱国主义、集体主义和社会主义
C. 爱祖国、爱人民、爱劳动、爱科学、爱社会主义
D. 有理想、有道德、有文化、有纪律

22. 社会主义职业道德的核心是（　　）。
A. 集体主义　　B. 爱国主义
C. 为人民服务　　D. 遵守法纪

23. 下面关于职业道德行为的主要特点，不正确的表述是（　　）。
A. 与职业活动紧密相关　　B. 职业道德行为的选择
C. 与内心世界息息相关　　D. 对他人的影响重大

24. 职业道德与法律的关系表述不正确的是（　　）。
A. 职业道德与法律都体现和代表着人民群众的观点、利益与意志
B. 都为社会主义国家的经济基础和上层建筑服务，起到巩固社会主义制度的作用
C. 职业道德与法律在内容上完全不一样
D. 凡是社会成员的行为违反《宪法》和法律，也是违反道德的

25. 下列对于诚实守信说法不正确的是（　　）。
A. 诚实守信就是要重承诺，信守诺言，忠实地履行自己应承担的义务
B. 诚实守信是市场经济的内在法则
C. 诚实守信要敢于讲真话，坚持真理
D. 诚实守信与市场经济的根本目的相矛盾

26. 下列对于增强职业责任感的要求，错误的表述是（　　）。
A. 要认真履行职业责任，搞好本职工作
B. 要熟悉业务，互相配合
C. 要正确处理个人、集体和国家之间的关系
D. 要只维护自己单位的利益

27. 下列关于勤劳节俭说法正确的是（　　）。
A. 消费可以拉动需求、促进经济发展，因此提倡节俭是不合时宜的
B. 勤劳可以提高效率，节俭可以降低成本
C. 勤劳节俭是物质匮乏时代的产物，不符合现代企业精神
D. 勤劳节俭只是家庭美德提出的要求

28. 下列对爱岗敬业表述不正确的是（　　）。
A. 抓住机遇，竞争上岗　　B. 具有奉献精神
C. 勤奋学习，刻苦钻研业务　　D. 忠于职守，认真履行岗位职责

29. 下列对于职业纪律具有的特点表述不正确的是（　　）。
A. 各行各业的职业纪律的基本要求具有一致性
B. 各行各业的职业纪律具有特殊性
C. 具有一定的强制性
D. 职业纪律不需要自我约束

30. 下面关于文明安全职业道德规范表述不正确的是（　　）。
A. 职业活动中，文明安全已经有相关的法律规定，因此不需要通过职业道德来规范从业人员的职业行为
B. 可以提高文明安全生产和服务的自律意识
C. 可以提高保护国家和人民生命财产安全的意识
D. 可以提高生产活动中自我保护意识

31. 关于职业道德与员工技能的关系说法，正确的是（　　）。
A. 企业选人的标准通常侧重职业技能而不是职业道德
B. 没有职业道德的人，无论技能如何，都无法充分发挥其自身价值
C. 职业技能提高了，职业道德相应地也会提高
D. 职业道德注重的是员工的内在修养，而不包含职业技能

32. 职业道德的特征不包括（　　）。
A. 具有职业性、普遍性，自律性、他律性
B. 执行中的权威强制性
C. 行业性、多样性，继承性、稳定性
D. 实践性

33. 关于职业道德的社会作用，说法错误的是（　　）。
A. 仅调节职业交往中从业人员与服务对象间的关系
B. 有助于维护和提高本行业的信誉
C. 有助于提高全社会的道德水平
D. 促进本行业的发展

34. 对从业人员来说，所谓职业化指的是从业人员工作状态的（　　）。
A. 国际化、科学化、现代化　　B. 标准化、固定化、长期化
C. 合同化、法制化、终身化　　D. 标准化、规范化、制度化

35. “人能克己身无患，事不欺心睡自安”，关于诚实与守信关系说法正确的是（　　）。
A. 诚实是守信的思想基础　　B. 守信是诚实的思想基础
C. 守信是诚实的内在内容　　D. 诚实是守信的外在表现

36. 习总书记在党的十九大报告中提出的新思想是（　　）。
A. 新时代科学社会主义思想　　B. 新时代社会主义初级阶段思想
C. 新时代中国特色社会主义思想　　D. 新时代社会主义思想

37. 关于遵纪守法，正确的说法是（　　）。

A. 只要品德端正，学不学法无所谓

B. 金钱对人的诱惑力要大于法纪对人的约束力

C. 法律是由人执行的，执行时不能不考虑人情和权力等因素

D. 遵纪守法与职业道德要求具有一致性

38. 关于职业选择的意义，正确的说法是（　　）。

A. 职业选择意味着可以不断变换工作岗位

B. 提倡自由选择职业会导致无政府主义

C. 职业选择有利于个人自由的无限扩展

D. 职业选择有利于促进人的全面发展

39. 下列关于从事职业劳动的说法，错误的是（　　）。

A. 人们求生存的客观要求

B. 使人获得全面发展的重要途径

C. 和认识自己存在的意义和价值无关

D. 人们基本的谋生手段

40. 下列与职业道德行为特点不相符的是（　　）。

A. 与职业活动紧密相连　　B. 与内心世界息息相关

C. 对他人和社会影响重大　　D. 与领导的影响相关

41. 下列选项中，符合从业人员文明礼貌规范要求的有（　　）。

A. 衣冠不整　　B. 表情冷漠

C. 感情激烈　　D. 用语规范

42. “勤俭永不穷，坐食山也空。”关于勤劳节俭的现代意义正确的理解是（　　）。

A. 太勤劳是不懂得生活的表现

B. 节俭不符合政府扩大内需政策的要求

C. 勤劳节俭有利于防止腐败

D. 艰苦创业精神应提倡，勤俭之风不宜弘扬

43. 自我修养必须落实到行动上，只有身体力行，对自己的行为严格要求，把正确的认识化为现实的行为，形成习惯，才能真正达到人生修养的最高境界。这说明，自我修养中最重要的环节是（　　）。

A. 学习理论　　B. 常思己过

C. 躬行实践　　D. 坚定信念

44. 2000年7月1日，上海市正式开通个人信用联合诚信服务系统，成为我国第一个建立个人信用制度的城市。关于这一事件，正确的看法有（　　）。

A. “诚实、守信”是我国的传统美德，一向是儒家要求的修身内容，今天在信息社会里，需要有经济利益来保证，这是社会的进步

B. 仅靠人们的自觉就能做到诚实、守信，信用制度的建立没有多大价值

C. 有些道德水平低下的人，是不会遵守信用制度的，信用制度的建立没有多大价值

D. 如果没有信用制度的约束，靠人们的自觉，也能做到诚实、守信

45. 某工程队在施工时要把网线穿过一根 10 米长，但直径只有 3 厘米的管道，而且管道已经砌在墙体里，并且绕了 3 个弯，用常规方法无法完成任务。一位工程师想出一个主意：从宠物市场买来一只老鼠，把一根线绑在老鼠身上，让老鼠沿着管子跑，这样网线安装的难题顺利得到解决。这个案例表明（　　）。

A. 创新的本质是突破

B. 这种方法缺乏专业性，不符合创新的本质

C. 开辟一个新市场才属于创新

D. 这只是歪打正着，不是真正的创新

46. 《吕氏春秋》中讲到，“万人操弓，共射一招，招无不中”，这说明了（　　）。

A. “宝剑锋自磨砺出，梅花香自苦寒来”

B. “小胜靠智，大胜靠德”

C. “一双筷子容易折，十双筷子断就难”

D. “成由勤俭败由奢”

47. “一个人做了这样或那样一件合乎伦理的事，还不能说他是有德的；只有当这种行为方式成为他性格中的固定要素时，才可以说他是有德的。”这句话表明，道德品质是（　　）。

A. 一定社会或阶级对人们的行为提出的基本要求和准则

B. 一个人在长期的一系列的道德行为中表现出来的稳定心理特征

C. 一个人基于一定的道德认识，自愿选择的有利于他人或社会的行为

D. 一个人在一次、两次道德行为中表现出来的偶尔的内心状态、心理特征

48. 下列关于办事公道的说法不正确的是（　　）。

A. 办事公道是企业能够正常运行的基本保证

B. 办事公道是企业赢得市场、生存和发展的重要条件

C. 办事公道是抵制行业不正之风的重要内容

D. 办事公道是对厂长、经理职业道德的要求，与普通工人关系不大

49. “单丝不成线，独木不成林”说明了（　　）。

A. 要勇于坚持真理

B. 要正确处理个人与集体的关系，注重集体力量

C. 做事要更公平公正

D. 要发扬勤劳节俭的优良传统

50. 为了促进企业的规范化发展，需要发挥企业文化的（　　）。

A. 娱乐功能　　B. 主导功能

C. 决策功能　　D. 自律功能

51. 孔子讲到的“内不欺己，外不欺人”，意思是说（　　）。

A. 克己奉公，努力奉献国家　　B. 爱岗敬业，做好本职工作

C. 意志坚定，对事业成功充满信心　　D. 诚实守信，做到表里如一

52. 与法律相比，道德具有的特点是（　　）。

A. 时效性差　　B. 作用力度强

C. 操作性强　　D. 适用范围广

53. 下列有关竞争与合作关系的说法中，不正确的有（　　）。

A. 合作中有竞争，竞争中也有合作

B. 竞争与合作是统一的，相辅相成的

C. 竞争就是将对手击败，无须合作

D. 竞争与合作构成个人和社会生存、发展的两股力量

54. 宾馆服务员小李在整理客房时，无意中将一位客人的手表弄掉在地板上，小李立即捡起，并连声向客人道歉，但客人却粗暴地责骂小李，忍无可忍之际，小李与客人争吵起来。小李的做法是（　　）的。

A. 合适　　B. 欠妥当

C. 可以理解　　D. 无所谓

55. 公私分明是做人的美德，在市场经济条件下，正确的做法是（　　）。

A. 摆正个人利益与企业利益、国家利益的关系，做到公私分明

B. 都是国家的钱，吃点、喝点没有啥

C. 在现实条件下，人在河边走，哪有不湿鞋

D. 那些为公为他人利益着想，甚至公而忘私的人是“傻子”

56. 下列选项中，不属于职业道德要求的是（　　）。

A. 邻里团结　　B. 保护环境

C. 爱岗敬业　　D. 遵纪守法

57. 社会生活中有竞争，有合作。下列有关竞争与合作关系的说法中，正确的有（　　）。

A. 竞争是击败对手，无须也无法合作

B. 有竞争就无法合作，合作就不存在竞争

C. 竞争中没有合作，合作中也没有竞争

D. 竞争与合作是统一的，相辅相成的

58. 从业人员职业用语要求做到（　　）。

A. 语调温柔，使客人产生甜蜜感

B. 语言简练，问一答一，问二答二

C. 语速适中，让客人听得清楚、明白

D. 语意明确，直接指出客人的不足之处

59. 关于职业选择的意义，正确的看法是（　　）。

A. 职业选择是个人的事，与社会发展要求无关

B. 职业选择自由与“干一行，爱一行，专一行”相矛盾

C. 树立职业理想容易导致人们在择业上不顾社会需求

D. 人们有选择职业的自由，但不等于可以随心所欲地选择职业

60. 社会主义道德区别和优越于其他社会形态道德的显著标志是，社会主义道德建设以（　　）。

A. 为人民服务为核心　　B. 为个人求享乐为核心

C. 为家庭求温饱为核心　　D. 为少数人谋福利为核心

61. 办事公道是道德规范的重要范畴，其含义主要是（　　）。

A. 在当事人中间搞折中，不偏不倚，各打五十大板

B. 坚持原则，按一定的社会标准，实事求是地待人处世

C. 按领导的意图办事

D. 按与个人关系好的人的意见办

62. 以下关于创新的说法中，不正确的是（　　）。

A. 创新是对常规的突破　　B. 创新需要“标新立异”

C. 创新需要幻想　　D. 创新需要意志

63. “心体光明，暗室中有青天；念头暗昧，白日下有厉鬼”表明道德的功能在于（　　）。

A. 鼓励人们自由选择职业　　B. 遏制牟利最大化

C. 促进人们的行为规范化　　D. 最大限度地克服人们受利益驱动

64. 下列关于职业道德的说法中，正确的是（　　）。

A. 职业道德的形式因行业不同而有所不同

B. 职业道德与法律都具有强制性

C. 职业道德在适用范围上不具有普遍性

D. 讲求职业道德会降低企业的竞争力

65. 下列关于市场经济与职业道德关系的说法中，正确的是（　　）。

A. 促进市场经济繁荣发展，应多鼓励消费，少提倡节俭

B. 市场经济条件下，讲职业道德不利于营造竞争氛围

C. 市场经济对职业道德既有正面影响，又有负面影响

D. 市场经济要求人们树立义利并重的道德观念

66. 在下列做法中，符合举止得体要求的是（　　）。

A. 态度谦卑　　B. 感情热烈

C. 行为适度　　D. 行动随意

67. 下列选项中，符合“仪表端庄”职业规范要求的是（　　）。

A. 着装华贵　　B. 着装朴素大方

C. 饰品俏丽　　D. 发型突出个性

68. 下面对幸福的理解，正确的是（　　）。

A. 奉献社会是幸福的源泉　　B. 幸福就是享受

C. 有钱就是幸福　　D. 幸福就是“吃好、穿好、住好、玩好”

69. 下面关于德治与法治关系的说法中，正确的是（　　）。

A. 法治就是不讲道德或少讲道德　　B. 倡导德治要淡化法律的强制性

C. 德治是目的，法治是手段　　D. 德治与法治相辅相成，相互促进

70. 在企业的经营活动中，下列选项中不是职业道德功能的表现的是（　　）。

A. 激励作用　　B. 决策能力

C. 规范行为　　D. 遵纪守法

三、多项选择题（第71~100题，共30题，每题1分，共30分。每题有4个选项，其中至少有2个选项是正确的，请将正确答案的代号填入括号内）

71. 爱岗敬业体现在（　　）。

A. 为人民服务的精神

B. 现代企业精神

C. 上班时既干本单位的活，又承揽外单位的活

D. 弘扬中华民族的传统美德

72. 文明职工的基本要求是（　　）。

A. 遵守国家法律法规和企业的各项纪律

B. 顾客是上帝，要无条件地满足顾客的要求

C. 生产活动中做到安全、卫生、文明

D. 学习科学技术知识，在业务上精益求精

73. 下列选项中符合办事公道的是（　　）。

A. 秉公执法，不徇私情　　B. 原则至上，办事公开

C. 知人善任，培植亲信　　D. 一切服从上级

74. 下列情况体现了诚实守信的是（　　）。

A. 维护企业信誉　　B. 办事实事求是

C. 做买卖童叟无欺　　D. 利用职业权力为自己或本单位谋利

75. 遵循“优质服务、热情周到”的职业道德规范，餐厅、客房服务员应该做到（　　）。

A. 仪表端庄　　B. 语言文明

C. 举止得体　　D. 待人热情

76. 树立良好的企业形象，应该做到（　　）。

A. 注重产品质量和服务质量　　B. 遵守合同，信守承诺

C. 为追求效益，只注重提高产量　　D. 注重团结协作，在同行中和谐发展

77. 职业良心是人们对他人、对社会履行义务时表现出的一种职业道德情感。从业人员在职业活动中的职业良心主要表现在（　　）。

A. 对工作的负责精神　　B. 对自己的宽恕感
C. 对社会的责任感　　D. 对自己职业行为的是非感

78. 遵守职业道德规范主要（　　）。
A. 通过自我控制、约束实现　　B. 通过社会舆论的监督实现
C. 提高自身职业道德修养实现　　D. 通过法律的手段强制实现

79. 精通业务、技艺精湛是生产和服务行业从业人员基本职业道德规范之一，为做到精通业务、技艺精湛，在工作中应当（　　）。
A. 专心致志，精益求精　　B. 一专多能
C. 克己奉公　　D. 勤学苦练

80. “疾小不可云大，事易不可云难，贫富用心皆一，贵贱使药无别”是医界长期流传的医德格言。这其中主要体现了当前我们所倡导的职业道德基本规范是（　　）。
A. 爱岗敬业　　B. 诚实守信
C. 办事公道　　D. 奉献社会

81. 企业生产经营活动中，员工之间加强团结互助包括（　　）。
A. 讲究合作，避免竞争　　B. 平等交流，平等对话
C. 既合作，又竞争　　D. 互相学习，共同提高

82. 在实际工作中，践行诚信职业道德规范，必须（　　）。
A. 顾及各方面的关系　　B. 正确对待利益问题
C. 既不欺人也不自欺　　D. 视服务对象而定

83. 下列关于办事公道的说法中，正确的有（　　）。
A. 办事公道就是站在公正的立场上，按标准办事
B. 办事公道不可能有明确的标准，只能因人而异
C. 工作人员接待顾客时不以貌取人属于办事公道
D. 办事公道不排斥折中处理的方式

84. 办事公道对企业活动的意义在于（　　）。
A. 是企业赢得市场、生存和发展的重要条件
B. 是抵制不正之风的要求
C. 是维持企业信誉的重要手段
D. 是企业能够正常运转的基本保证

85. 以下关于职业道德规范的表述中，正确的是（　　）。
A. 职业道德规范是社会分工发展的结果
B. 职业道德规范仅适用从事一定工作的人
C. 职业道德规范与法律规范没有关系
D. 与法律规范相比，道德规范缺乏严肃性

86. 维护企业利益与保护环境的关系，正确的观点是（　　）。
A. 保护环境是政府的事，企业职责是发展生产

B. 企业不仅重视经济效益，也要注意保护环境

C. 企业生产耗能多，无碍大局

D. 要树立全面、协调、可持续发展的科学发展观

87. 对从业人员来说，劳动合同（　　）。

A. 是从业者的“护身符”　　B. 在任何情况下都不可变更

C. 是从业者的“卖身契”　　D. 是权利和义务统一的体现

88. 某集团公司在创业初期，决定将一批不合格的产品当众砸碎，在公司职工中树起了质量是企业第一生命的丰碑。从此该公司产品以质量过硬，行销全球。你认为此举的意义包括（　　）。

A. 对职工进行职业道德教育　　B. 树立企业形象

C. 树立个人的领导权威　　D. 树立社会责任意识

89. 职业道德主要通过（　　）的关系，增强企业的凝聚力。

A. 协调企业员工之间　　B. 调节领导与职工

C. 协调职工与企业　　D. 调节企业与市场

90. 社会主义核心价值体系是建设和谐文化的根本，它的基本内容包括（　　）。

A. 社会主义荣辱观

B. 以爱国主义为核心的民族精神和以改革创新为核心的时代精神

C. 中国特色社会主义共同理想

D. 马克思主义指导思想

91. 下列选项中，（　　）是属于缺失诚信的表现。

A. 价格合适　　B. 坑蒙拐骗

C. 制假售假　　D. 缺斤少两

92. 下面关于以德治国与依法治国关系的说法中正确是（　　）。

A. 依法治国是社会文明和社会进步的重要标志

B. 以德治国为依法治国提供坚实的思想保证

C. 依法治国需以德治国为基础，以德治国需以依法治国为保障

D. 依法治国和以德治国相辅相成，互相促进

93. 从业人员遵守职业纪律的要求是（　　）。

A. 履行岗位职责

B. 严格执行操作规程

C. 对自己认为不合理的规章制度不遵守

D. 处理好上下级关系

94. 遵守团结互助的职业道德规范就要（　　）。

A. 忠于职守，认真负责　　B. 通力协作，互相支持

C. 互相尊重，平等互助　　D. 谦虚大度，严于律己

95. 人才市场的形成为社会、企业和职工带来的主要好处是（　　）。

A. 使企业人才闲置和人才奇缺的矛盾得到缓解
B. 使人才配置、使用逐渐趋向合理，人才作用得到发挥
C. 调动了人们学习文化知识、钻研技术的积极性
D. 使企业增加了用人选择性、针对性，减少了盲目性

96. 在下列选项中，符合办事公道规范的有（　　）。
A. 顾全大局、服从上级　　B. 秉公执法、不徇私情
C. 知人善任、培养亲信　　D. 原则至上、不计得失

97. 诚实劳动是劳动者（　　）。
A. 素质高低的衡量尺度　　B. 人生态度的外在反映
C. 实现人生价值的重要手段　　D. 立身处世的基本出发点

98. 以下关于职业技能的说法中，正确的是（　　）。
A. 职业技能高，工作效率则低
B. 职业技能的提高靠经验积累
C. 职业技能高低取决于个人体质强弱
D. 人的先天生理条件对职业技能的形成有一定的影响

99. 联想创始人柳传志提出，创新是企业生产要素的新组合。它包括（　　）。
A. 引入一种新产品，采用一种新的生产方法
B. 开辟一个新的市场，实行一种新的企业组织形式
C. 获得一种原料或半成品新的供给来源
D. 厉行节俭，降低产品成本，提高企业竞争实力

100. 某企业员工讨论自己选择职业时提出几种看法，你认为正确的看法有（　　）。
A. 自由选择职业意味着可以不断地更换工作
B. 自由选择职业并不并意味着可以随意更换工作
C. 自由选择职业一定有利于个人事业的发展
D. 自由选择职业不应违背社会发展的需要

职业道德模拟试题（一）参考答案

一、判断题

1. √	2. ×	3. √	4. √	5. ×
6. √	7. ×	8. √	9. √	10. ×
11. ×	12. √	13. √	14. ×	15. √
16. √	17. ×	18. ×	19. √	20. √

二、单项选择题

21. C	22. C	23. B	24. C	25. D
26. D	27. B	28. A	29. D	30. A
31. B	32. B	33. A	34. D	35. A
36. C	37. D	38. D	39. C	40. D
41. D	42. C	43. C	44. A	45. A
46. C	47. B	48. D	49. B	50. D
51. D	52. D	53. C	54. B	55. A
56. A	57. D	58. C	59. D	60. A
61. B	62. C	63. C	64. A	65. D
66. C	67. B	68. A	69. D	70. B

三、多项选择题

71. ABD	72. ACD	73. AB	74. ABC	75. ABCD
76. ABD	77. ACD	78. ABC	79. ABD	80. BC
81. BCD	82. BC	83. ACD	84. ABCD	85. AB
86. BD	87. AD	88. ABD	89. ABC	90. ABCD
91. BCD	92. ABCD	93. AB	94. BCD	95. ABCD
96. BD	97. ABCD	98. BD	99. ABC	100. BD

职业道德模拟试题（二）

一、判断题（第1~20题，共20题，每题1分，共20分。判断正确的打“√”，错误的打“×”）

（　　）1. 职业道德与职业技能没有关系。

（　　）2. 从业人员良好职业道德品质的养成不仅需要外在的规范和约束，更需要内在的道德自觉和自我培养。

（　　）3. 现代企业的团队精神属于职业道德规范之一。

（　　）4. 职业道德是从业者遵循的符合职业特点的职业行为规范，通过学习与实践修养成的职业品质，涵盖了从业人员与服务对象、职业与职工、职业与职业之间的关系。

（　　）5. 产品质量、安全生产有相应的法律规定，因此不属于职业道德规范。

（　　）6. “慎独”就是在无人监督的情况下，也要坚持自己的内心真诚、光明磊落的道德信念，不做不道德的事情。

（　　）7. 职业道德建设是精神文明建设的重要内容。

（　　）8. 职业道德就是各项管理制度。

（　　）9. “公平原则”“职业的诚信”“职业活动中的协作、团队精神”“忠于职守”等职业道德规范是超越国界的。

（　　）10. 商业活动应该遵循的规则是明码标价，计量准确，唱收唱付，货款结清，货既售出、概不退换。

（　　）11. 忠诚与热爱是构建和谐家庭即家庭美德的核心。

（　　）12. 社会公德的主要规范是：文明礼貌、助人为乐、爱护公物、勤俭持家、遵纪守法。

（　　）13. 职业道德与个人品德的关系是相互影响、相互促进的正相关关系，个人品德要通过职业道德行为来体现，个人职业道德的提升要通过个人品德的修炼来实现。

（　　）14. 实现中华民族伟大复兴的中国梦，它体现了我们国家的理想和人民的理想。

（　　）15. 兰辉同志生前是四川省北川羌族自治县副县长。他在检查乡镇道路和安全生产时不幸坠崖，因公殉职。兰辉同志是广大党员干部学习的榜样，咱们工人可以不学。

（　　）16. 2013年国庆大假期间，3小时内十几个大学生在杭州西湖景区15千米路段捡到7 000多个烟头，游客这种破坏公共卫生和环境的行为违反了职业道德。

（　　）17. 维护公共秩序和保护旅游生态环境应该从我做起，勿以恶小而为之。

（　　）18. 职业权力具有权威性、利己性和隐蔽性的特点。

（　　）19. 职业理想是指人们对未来职业和所要取得何种成就，对社会做出哪些贡献的向往和追求。为了实现自己的职业理想应该不惜一切手段。

（　　）20. 善与恶是评价职业道德行为的根本标准。

二、单项选择题（第21～70题，共50题，每题1分，共50分。每题有4个选项，其中只有1个选项是正确的，请将正确答案的代号填入括号内）

21. 《公民道德建设实施纲要》关于从业人员职业道德规范是（　　）。
A. 爱国守法、公平公正、团结友善、勤俭自强、敬业奉献
B. 艰苦奋斗、诚实守信、团结协作、服务周到、遵纪守法
C. 爱岗敬业、遵守法纪、明礼诚信、服务群众、奉献社会
D. 爱岗敬业、诚实守信、办事公道、服务群众、奉献社会

22. 社会主义职业道德的原则是（　　）。
A. 集体主义　　B. 爱国主义
C. 为人民服务　　D. 遵守法纪

23. 下列与职业道德行为特点不相符的是（　　）。
A. 与职业活动紧密相连　　B. 与内心世界息息相关
C. 对他人和社会影响重大　　D. 与领导的影响有关

24. 关于职业幸福基本要求应该处理好几个关系表述不正确的是（　　）。
A. 正确处理好国家利益和集体利益的关系
B. 正确处理好物质生活幸福与精神生活幸福的关系
C. 正确处理好个人幸福与集体幸福之间的关系
D. 正确处理好创造职业幸福和享受职业幸福的关系

25. 下面不符合正确树立职业荣誉观的要求是（　　）。
A. 争取职业荣誉的动机要纯
B. 获得职业荣誉的手段要正
C. 社会主义市场经济就是竞争，因此对职业荣誉要竞争，要当仁不让
D. 对待职业荣誉的态度要谦虚

26. 关于办事公道不正确的表述是（　　）。
A. 坚持原则，实事求是　　B. 实行平均主义
C. 不怕"权势"压力　　D. 不徇私情

27. 关于下列遵纪守法正确的说法是（　　）。
A. 只讲道德品质即可不犯法
B. 法律是强制性的，不需要列入职业道德规范来让从业者"自律"
C. 遵纪守法与职业道德要求具有一致性
D. 职业道德与法律没有关系

28. 下列对节俭的价值表述不贴切的是（　　）。
A. 持家之本　　B. 降低企业成本的途径之一

C. 可以开拓创新　　　　　　　　　D. 有利于治国安邦

29. 加强职业道德修养的途径不正确的表述是（　　）。

A. “慎独”

B. 只需参加职业道德理论的学习和考试过关即可

C. 学习先进人物的优秀品质

D. 积极参加职业道德的社会实践

30. 开拓创新是职业道德基本规范之一，下面表述不正确的是（　　）。

A. 要树立开拓创新的观念

B. 学习开拓创新的方法和锻炼开拓创新的思维

C. 创新就是超越时间和现实，前人没有做过的都可以去做

D. 培养锻炼开拓创新的意志品质

31. 邓小平同志提出要努力建设“四有”职工队伍，“四有”是指（　　）。

A. 有理想、有道德、有技术、有纪律

B. 有理想、有道德、有文化、有纪律

C. 有理想、有信念、有文化、有纪律

D. 有理想、有道德、有文化、有技术

32. 下列关于职业道德的说法中，正确的是（　　）。

A. 职业道德规范不分行业

B. 职业道德在内容上因行业不同具有差异性

C. 职业道德在适用范围上只具有特殊性

D. 讲求职业道德会降低企业的竞争力

33. 以下关于办事公道的说法，正确的是（　　）。

A. 办事公道就是按照一个标准办事，在当事人中间搞折中

B. 办事公道没有明确的标准，只能因人而异

C. 办事公道是从业人员应该具有的品质

D. 对一个无职权的工人来说，不存在办事公道与否的问题

34. “伪欺不可长，空虚不可久，朽木不可雕，情亡不可久。”以下做法中，不讲诚信的是（　　）。

A. 员工小张经常从计算机网络上下载免费的杀毒软件

B. 某药店负责人降价销售由于其成本低而购进的劣质药品

C. 经理要求员工小李一周完成的工作，结果他用了三天就顺利完成了

D. 员工小李找到了一种替代的生产原料，降低了生产成本

35. 关于职业选择的意义，正确的说法是（　　）。

A. 职业选择意味着可以不断变换工作岗位

B. 提倡自由选择职业会导致无政府主义

C. 职业选择有利于个人自由的无限扩展

D. 职业选择有利于促进人的全面发展

36. 自我修养必须落实到行动上，只有身体力行，对自己的行为严格要求，把正确的认识化为现实的行为，形成习惯，才能真正达到人生修养的崇高境界。这说明，自我修养中最重要的环节是（　　）。

A. 学习理论　　B. 常思己过

C. 躬行实践　　D. 坚定信念

37. 对“忠于企业”道德规范的理解，最好的一项选择是（　　）。

A. 只在某个企业工作一辈子

B. 一切听从企业上司的安排，绝不和企业上司三心二意

C. 完成本职工作、不给企业出难题

D. 全心全意为企业着想做事

38. 企业精神文化具有（　　）。

A. 娱乐功能　　B. 调教功能

C. 异化功能　　D. 导向功能

39. 某中国留德学生才华出众，毕业后留德应聘工作。企业发现该生乘坐公交车时有三次逃票记录，于是拒绝录用。看过这则信息，你对该生求职失败的感受是（　　）。

A. 德国企业在招聘人员时，要求过于严格

B. 这名中国留学生怨不得别人，是他自己运气不好

C. 不讲社会公德的人，职业道德也不会好

D. 欧洲企业对中国人求职具有歧视倾向

40. 为了促进企业的规范化发展，需要发挥企业文化的（　　）。

A. 娱乐功能　　B. 主导功能

C. 决策功能　　D. 自律功能

41. 有调查显示，员工有利用网络干私活的现象，如处理私人信件、网上聊天、下载音乐、玩在线游戏等，其每周花费时间为五六小时，比例达到60%，根据上述事例，可以判定（　　）。

A. 中国员工的职业素质是世界上最差的

B. 对中国员工来说，职业道德在无人监督的情况下几乎不起作用

C. 宽松的管理体现了以人为本的理念和成效

D. 加强员工公私分明的职业道德教育势在必行

42. 职业纪律具有的特点是（　　）。

A. 非强制性　　B. 一定的强制性

C. 伸缩性　　D. 模糊性

43. 荀子讲，“强本而节用，则天不能贫。”根据这句话的理解下列说法中正确的是（　　）。

A. 勤劳与刺激内需、拉动消费相矛盾

B. 提倡勤劳节俭就是让人习惯过苦日子
C. 勤劳与节俭互为表里
D. 增收节支有利于可持续发展

44. 下列办事公道的要求表述错误的是（　　）。
A. 重质量、重服务、重信誉　　B. 要坚持原则，不徇私情
C. 要不谋私利，反腐倡廉　　D. 要不计较个人得失，不怕各种权势

45. “勤俭永不穷，坐食山也空。”关于勤劳节俭的现代意义正确的理解是（　　）。
A. 太勤劳是不懂得生活的表现
B. 节俭不符合政府扩大内需政策的要求
C. 勤劳节俭有利于防止腐败
D. 艰苦创业精神应提倡，勤俭之风不宜弘扬

46. 以下关于从业人员与职业道德关系的说法中，正确的是（　　）。
A. 每个从业人中都应该以德为先，做有职业道德之人
B. 只有每个从业人员都遵守职业道德，职业道德才会起作用
C. 遵守职业道德与否，应该视具体情况而定
D. 知识和技能是第一位的，职业道德则是第二位的

47. 职业道德评价不能够起到（　　）。
A. 批判作用　　B. 裁判作用
C. 激励作用　　D. 调节与导向作用

48. 从业人员对爱岗敬业的准确理解应该是（　　）。
A. 只选择自己喜欢的岗位
B. 只要干上一种工作，就埋头苦干一辈子
C. 虽然不喜欢某岗位，但也必须长期干下去
D. 干一行，爱一行，专一行

49. 孟子讲道：“诚者，天之道也；思诚者，人之道也。”对企业来说，诚信的意义在于（　　）。
A. 会增加经营成本　　B. 塑造企业形象
C. 与经济效益无关　　D. 不利于企业竞争

50. “半丝半缕，恒念物力维艰”体现的理念是（　　）。
A. 服装制作要讲究质地　　B. 倡导节俭，珍惜劳动成果
C. 工作中要兢兢业业　　D. 鼓励进取，勇于克服困难

51. 愚公移山的故事说明了（　　）。
A. 要像愚公那样娴熟掌握移山的技能
B. 愚公有较好的职业道德
C. 从事事业要诚敬专一，才能把工作做好
D. 结交朋友，要深入了解对方

52. “志不强者智不达，言不信者行不果。”在现实生活中对这句话正确的看法是（　　）。

A. 诚实守信与市场经济相冲突

B. 诚实守信是市场经济必须遵守的法则

C. 是否诚实守信要视具体情况而定

D. 诚实守信是“呆”“傻”“憨”

53. 职业道德修养的基本方法不包括（　　）。

A. 虚心向他人学习，自觉与他人交流

B. 坚持自律和他律相结合

C. 加强理论学习，注意内省、慎独

D. 勇于实践锻炼，增强情感体验

54. 关于道德与法律的区别，表述不正确的是（　　）。

A. 道德产生时间比法律早

B. 道德调整范围比法律广

C. 道德的表现形式不如法律严格

D. 道德的实施比法律更具有强制性

55. 在充满竞争的现代社会中，在正确对待竞争时，应该保持的健康心态是（　　）。

A. 因竞争失败而产生嫉妒心理，贬损他人

B. 为在竞争中获胜而弄虚作假，损人利己

C. 因担心“枪打出头鸟”而害怕竞争，甘居中游

D. 胜不骄，败不馁，始终保持不甘落后的进取精神

56. 人们根据一定的道德原则和规范来改造自我、教育自己，形成自己的道德品质，提高自己的道德境界的道德实践活动，称为（　　）。

A. 道德修养　　B. 道德构建

C. 道德意志　　D. 道德认知

57. 一个人按照一定社会或阶级的要求，经过学习、磨炼、涵养和陶冶，为提高自身的素质和能力在各方面进行的自我教育和自我塑造，称为（　　）。

A. 慎独　　B. 自我修养

C. 自我价值　　D. 人生境界

58. “不患位之不尊，而患德之不崇；不耻禄之不伙，而耻智之不博”，要求（　　）。

A. 每个从业人员都应该以德为先，努力做德智和谐发展之人

B. 只有每个人都遵守职业道德，职业道德才会起作用

C. 遵守职业道德与否，应该视具体情况而定

D. 知识和技能是第一位的，职业道德则是第二位的

59. “舟必漏而后入水，石必湿而后苔生”说明（　　）。

A. 要努力实现自身的社会价值

B. 个人品德修养要从细微处严格要求自己，对不好的品行要防微杜渐

C. 要积极向前人学习

D. 要正确处理公与私之间的关系

60. 下列对爱岗敬业要求的表述错误的是（　　）。

A. 组织纪律涣散、工作马虎塞责

B. 坚守工作岗位，做好每一件事

C. 始终如一地保持旺盛的工作热情，去完成工作任务

D. 克服工作中的敷衍塞责、玩忽职守、马马虎虎、不负责的工作作风和态度

61. 下列关于职业道德的说法中，正确的是（　　）。

A. 有职业道德的人一定能够做好工作

B. 没有职业道德的人干不好工作

C. 职业道德有时起作用，有时不起作用

D. 职业道德无关紧要，可有可无

62. 办事公道的基本要求不包括（　　）。

A. 大公无私　　B. 追求创新、勇于创造

C. 实事求是、秉公办事　　D. 坚持原则、平等待人

63. 以下做法中符合“慎独”道德规范的是（　　）。

A. 夜以继日，废寝忘食　　B. 精忠报国，反对侵略

C. 修身为本，严于律己　　D. 立志勤学，持之以恒

64. 职业道德评价的基本方式不包括（　　）。

A. 社会舆论　　B. 职业习俗

C. 内心信念　　D. 调节导向

65. 关于遵纪守法，正确的说法是（　　）。

A. 只要品德端正，学不学法无所谓

B. 金钱对人的诱惑力要大于法纪对人的约束力

C. 法律是由人执行的，执行时不能不考虑人情和权力等因素

D. 遵纪守法与职业道德要求具有一致性

66. 下面关于德治与法治关系的说法中，正确的是（　　）。

A. 法治就是不讲道德或少讲道德

B. 倡导德治要淡化法律的强制性

C. 德治是目的，法治是手段

D. 德治与法治相辅相成，相互促进

67. 爱岗敬业是职业道德的核心和基础。下列表现不属于爱岗敬业的有（　　）。

A. 在本职工作中勤奋努力，不偷懒，不怠工

B. 喜欢自己的工作，能心情愉快、乐观向上地从事自己的本职工作

C. 为了求得自己理想的职业，利用现有的职业劳动时间全力为求新职做准备

D. 不情愿地成为现有职业的劳动者，在没有调换工作之前，仍坚守工作岗位，履行职业责任

68. 深圳歌手丛飞生前身患癌症，生活艰难，却捐赠上百万元资助很多贫困山区的失学儿童。他在帮助别人的过程中得到了快乐。丛飞的行为表明（　　）。

A. 人的价值在于突出自我

B. 人生价值的本质就是社会对个人的尊重和满足

C. 人生的社会价值的实现总是以自我价值的牺牲为代价

D. 人生的自我价值必须与社会价值相结合，并通过社会价值表现

69. 党的十九大报告在加强思想道德建设中指出，“要推进诚信建设和志愿服务制度化，强化（　　）”。

A. 社会责任意识、团结意识、奉献意识

B. 社会责任意识、规则意识、国家意识

C. 民主意识、法治意识、奉献意识

D. 社会责任意识、规则意识、奉献意识

70. 下列关于团结互助、加强协作，正确的表述是（　　）。

A. 正确看待道德与法治

B. 正确处理竞争与合作的关系

C. 正确处理主要矛盾与次要矛盾的关系

D. 正确处理国家集体与个体的关系

三、多项选择题（第71~100题，共30题，每题1分，共30分。每题有4个选项，其中至少有2个选项是正确的，请将正确答案的代号填入括号内）

71. 职业道德修养的意义在于有利于提高个人的职业道德素质和（　　）。

A. 有利于社会主义政治文明建设

B. 有利于发挥职业道德的社会功能

C. 有利于行业的职业道德建设

D. 有利于中华民族优良道德传统的弘扬

72. 党的十九大提出到本世纪中叶，把我国建成（　　）的社会主义现代化强国。

A. 富强民主　　B. 文明

C. 和谐　　D. 美丽

73. 对于维护企业信誉来说，应该主要做到（　　）。

A. 提高产品质量　　B. 不断加大广告宣传

C. 周到的售后服务　　D. 文明、安全、卫生地生产

74. 以下关于社会主义的集体主义原则的正确表述是（　　）。

A. 当国家利益与局部的集体利益发生冲突时，局部集体利益要服从国家利益

B. 当局部的集体利益与个人利益发生冲突时，个人利益要服从局部的集体利益

C. 当国家利益、集体利益与个人利益发生冲突时，个人利益应当服从国家和集体

利益

D. 社会主义的集体主义明确了国家利益、集体利益、个人利益在根本上不是一致的

75. 下面各项属于行业的特殊职业道德规范的是（　　）。

A. 救死扶伤　　B. 爱护车辆、准班正点、尊客爱货

C. 秉公执法　　D. 有教无类

76. 下面关于集体主义的论述正确的是（　　）。

A. 我们应该“大力提倡把国家和人民的利益放在首位而又充分尊重公民的合法权益的义利观”

B. 讲个人努力奋斗和个人利益就是个人主义、不讲集体主义

C. 讲集体主义原则就是要正确处理国家利益、集体利益和个人利益的关系

D. 要用集体主义的观点和集体主义的精神认识、处理职业人际关系

77. 下列关于服务群众正确的表述是（　　）。

A. 从业者服务群众是指服务于广大人民群众，而不是服务于具体个人

B. 服务群众要做到热情周到

C. 服务群众要注重服务质量

D. 国际服务质量标准“十分强调服务质量体系的建立和运作必须以顾客为中心”

78. 诚实守信作为职业道德基本规范，下面表述正确的是（　　）。

A. 诚实守信就是要实事求是，敢于坚持真理

B. 守信就是言必行、行必果、言行统一

C. 诚实守信就是要重承诺，信守诺言

D. 诚实就是老板说干啥就干啥

79. 下面关于爱岗敬业正确的说法是（　　）。

A. 爱岗与敬业本质上是统一的

B. 爱岗敬业就是要热爱本职工作

C. 爱岗敬业与从业者的岗位流动是矛盾的

D. 爱岗敬业与社会主义市场经济提倡的人才流动、职业转换不矛盾

80. 下列说法属于职业道德内心活动过程的是（　　）。

A. 职业道德的感觉、知觉、认识、情感

B. 职业道德的意识、觉悟、意志、信念

C. 职业道德的“自省”和“慎独”

D. 职业道德的行为

81. 加强职业道德修养的方法有（　　）。

A. 认真学习职业道德理论，虚心接受职业道德教育

B. 学习先进人物的优秀品质，不断激励自己

C. 正确选择职业道德行为，努力培养职业道德情感，积极参加职业道德实践

D. 科学开展职业道德评价，不断提高职业道德境界

82. 以下关于职业技能的说法中，正确的是（　　）。

A. 职业技能是人们履行职业责任的手段

B. 职业技能的提高靠经验积累

C. 职业技能高低取决于个人体质强弱

D. 人的先天生理条件对职业技能的形成有一定的影响

83. 下列关于职业道德的说法不正确的是（　　）。

A. 职业道德对职业活动没有能动作用

B. 职业道德是通过职业活动中每个人的个人品德来体现

C. 职业道德规范属于政治文明

D. 各行业在遵守职业道德基本规范的基础上，也可以用自定章程的形式明确行业特殊职业道德规范

84. 每个从业人员在职业工作中应该慎待诺言、表里如一，下列表述中与此不同的是（　　）。

A. 爱岗敬业　　　　B. 诚实守信

C. 办事公道　　　　D. 服务群众

85. 有一次，比尔·盖茨和一位朋友同车前往希尔顿饭店开会，由于去迟了，找不到车位。他的朋友建议把车停在饭店的贵客车位，盖茨不同意。他的朋友说“我来付”。盖茨还是不同意。原因很简单，贵客车位要多付12美元停车费，盖茨认为那是“超值收费”。作为一位天才的商人，盖茨认为：花钱像炒菜一样，要恰到好处。盐少了，菜淡而无味；盐多了，苦咸难咽。哪怕只是几元钱甚至几分钱，也要让每一分钱发挥出最大的效益。“花钱像炒菜一样，要恰到好处。盐少了，菜淡而无味；盐多了，苦咸难咽。”这句话的意思是（　　）。

A. 一块钱存在银行，时间长了，利息增加，会变成两块钱

B. 节俭是创业成功的一个重要条件

C. 节省一块钱只是个象征性的说法，并无实际意义

D. 钱是劳动得来的，浪费钱就是不珍惜劳动

86. 服务忌语是服务过程中禁止使用的言语。下列言语中，属于服务忌语的是（　　）。

A. “后边等着去！”

B. “不买看什么！”

C. “我解决不了，愿意找谁找谁去！”

D. “有意见，找经理去！”

87. 从业人员加强职业道德修养的途径主要包括（　　）。

A. 自我剖析和自我批评

B. 培养职业道德习惯

C. 学习先进人物的优秀品质，不断激励自己

D. 职业道德的养成只能靠教化

88. 对从业人员来说，劳动合同（　　）。

A. 是从业者的“护身符”　　B. 在任何情况下都不可变更

C. 是从业者的“卖身契”　　D. 是权利和义务统一的体现

89. 企业生产经营活动中，员工之间加强团结互助包括（　　）。

A. 讲求合作、避免竞争

B. 平等交流、平等对话

C. 既合作又竞争，竞争与合作相统一

D. 互相学习、共同提高

90. 下列选项中，不属于企业文化功能的是（　　）功能。

A. 自由　　B. 自律

C. 自发　　D. 自立

91. 在下列的表述中，观点正确的是（　　）。

A. 消费可以拉动需求，促进经济发展，提倡勤劳节俭不合时宜

B. 提倡勤劳节俭是物质匮乏的时代产物，不适合现代要求

C. 勤劳可以提高效率，节俭能够降低成本

D. 勤劳节俭有利于可持续发展

92. 公平公正的基本要求是（　　）。

A. 按照原则办事，不因个人偏见、好恶办事

B. 公正处理部门之间、部门内部各种关系

C. 处理问题合情合理，不徇私情

D. 发扬团队精神，增强内部凝聚力

93. 2008 年 3 月，消费者陆续反映，婴幼儿食用三鹿婴幼儿奶粉后，出现尿液变色或尿液中有颗粒现象。9 月，石家庄三鹿集团股份有限公司发布产品召回声明称，经公司自检承认 2008 年 8 月前出厂的部分批次三鹿牌婴幼儿奶粉受到三聚氰胺的污染，市场上大约有 700 吨。2009 年三鹿宣告破产。通过三鹿奶粉事件的教训，要求企业必须做到（　　）。

A. 遵纪守法　　B. 质量第一

C. 诚实守信　　D. 切实负起社会责任

94. 公私分明是做人的美德，在市场经济条件下，正确的做法是（　　）。

A. 摆正个人利益与企业利益、国家利益的关系，做到公私分明

B. 经得起金钱、物质利益的诱惑，不做有损企业的事情

C. 在现实条件下，人在河边走，哪有不湿鞋

D. 那些为公为他人利益着想，甚至公而忘私的人是“傻子”

95. 从业人员遵守职业纪律的要求是（　　）。

A. 履行岗位职责
B. 严格执行操作规程
C. 对自己认为不合理的规章制度不遵守
D. 处理好上下级关系

96. 要做到办事公道就要（　　）。
A. 要热爱真理，追求正义　　B. 要坚持原则，不徇私情
C. 要不谋私利，反腐倡廉　　D. 要不计较个人得失，不怕各种权势

97. 维护企业利益与保护环境的关系，正确的观点是（　　）。
A. 保护环境是政府的事，企业职责是发展生产
B. 企业不仅重视经济效益，也要注意保护环境
C. 企业生产耗能多，无碍大局
D. 要树立全面、协调、可持续发展的科学发展观

98. 下列说法正确的是（　　）。
A. 爱岗是敬业的前提，敬业是爱岗的升华
B. 诚实守信是一个人立身于社会的基本准则
C. 诚实守信是发展社会主义市场经济的道德要求
D. 奉献社会是职业道德的更高境界，也是做人的更高境界

99. 在下列表述中，正确的是（　　）。
A. 办事公道是企业能够正常运行的基本条件
B. 办事公道是企业赢得市场、生存和发展的重要条件
C. 办事公道是抵制行业不正之风的基本要求
D. 办事公道是从业人员应该具有的品质

100. 以下关于职业道德规范的表述中，正确的是（　　）。
A. 职业道德规范是社会分工发展的结果
B. 职业道德规范仅适用从事一定工作的人
C. 有的职业道德规范的要求也是法律规定的要求
D. 开拓创新、劳动安全均属于职业道德规范

职业道德模拟试题（二）参考答案

一、判断题

1. ×	2. √	3. √	4. √	5. ×
6. √	7. √	8. ×	9. √	10. ×
11. √	12. ×	13. √	14. √	15. ×
16. ×	17. √	18. √	19. ×	20. √

二、单项选择题

21. D	22. A	23. D	24. A	25. C
26. B	27. C	28. C	29. B	30. C
31. B	32. B	33. C	34. B	35. D
36. C	37. D	38. D	39. C	40. D
41. D	42. B	43. D	44. A	45. C
46. A	47. A	48. D	49. B	50. B
51. C	52. B	53. B	54. D	55. D
56. A	57. B	58. A	59. B	60. A
61. B	62. B	63. C	64. D	65. D
66. D	67. C	68. D	69. D	70. B

三、多项选择题

71. BCD	72. ABCD	73. ACD	74. ABC	75. ABCD
76. ACD	77. BCD	78. ABC	79. ABD	80. ABC
81. ABCD	82. BD	83. AC	84. ACD	85. BD
86. ABCD	87. ABC	88. AD	89. BCD	90. ACD
91. CD	92. ABC	93. ABCD	94. AB	95. AB
96. ABCD	97. BD	98. ABCD	99. ABCD	100. ABCD

职业道德模拟试题（三）

一、判断题（第1~40题，共40题，每题1分，共40分。判断正确的打“√”，错误的打“×”）

（　　）1. 学习职业道德对于行风建设作用不大。

（　　）2. 学习职业道德与社会公德、家庭美德有机会结合效果更好。

（　　）3. 职业道德的行业特征是指各行各业都有自己的道德要求。

（　　）4. 为人民服务是区别其他社会形态职业道德的一般性特征。

（　　）5. 职业道德与法律都体现和代表着人民群众的利益与意志。

（　　）6. 职业义务是指从业人员在职业活动中对他人、对社会应尽的责任。

（　　）7. 职业责任是指在特定的职业范围内从事某种职业的人们要共同遵守的行为准则。

（　　）8. 精通业务与职业道德无关。

（　　）9. 中国共产党领导是中国特色社会主义最本质特征。

（　　）10. 评价职业道德行为只需考虑效果，不必考虑动机。

（　　）11. 学习职业道德有利于企业发展和行风建设。

（　　）12. 学习职业道德虽然要知行统一，但重点应放在“知”上。

（　　）13. 自我约束控制职业行为的这种自律性是职业道德的显著特征。

（　　）14. “春蚕到死丝方尽，蜡炬成灰泪始干”体现了职业义务的无偿性特点。

（　　）15. 职业道德与法律调整的范围一致。

（　　）16. 职业权力是指从业人员在自己职业范围内的职业活动中拥有的支配人、财、物的力量。

（　　）17. 职业纪律是指从事某种职业的个人，对他人、集体和社会所应承担的任务和义务。

（　　）18. 文明安全不是职业道德的必修内容。

（　　）19. 导游尊重游客宗教信仰、民族风俗，也是职业道德的要求。

（　　）20. 创新是个人事业成功的保障，创新蕴涵着巨大的经济价值和社会价值。

（　　）21. 道德广泛渗透、广泛干预人们的社会生活，又是一种强制规范方式。

（　　）22. 树立和实践社会主义荣辱观作为和谐文化建设的一项重要内容，促进了良好道德、风尚与和谐社会的进一步形成。

（　　）23. 市场经济具有利己与利他、谋利与服务的伦理二重性。

（　　）24. 为人民服务的最高要求，就是人民当家做主。

（　　）25. 服务群众不仅体现了一个人职业道德水准的高低，也关系到我国在国际经济竞争中能否取胜，单位能否获得可观的经济效益。

（　　）26. 奉献社会，不光是为了名和利，也为了有益于他人，有益于国家和社会。

（　　）27. 劳动者的最大价值在于获取劳动报酬谋生。

（　　）28. 享受就是“吃好、住好、穿好、玩好”。

（　　）29. 服务群众作为职业道德，不仅仅是对领导及国家公务员和机关工作人员的要求，而且也是对所有从业者的要求。

（　　）30. 一个人职业道德品质的提高，是一劳永逸的事情。

（　　）31. 职业纪律具有理解上的主观差异性的特点。

（　　）32. “不买看什么”，“喊什么，等会儿”，“我就这态度”属于服务行业“忌语”。

（　　）33. “我为人人，人人为我”是人生存和发展的基础。

（　　）34. 美容美发从业人员只要技术好，环境卫生差一点关系不大。

（　　）35. 从某种意义上可以说，道德就是讲人的行为“应该”怎样和“不应该”怎样的问题。

（　　）36. 道德与法律的区别在于道德是属于强制性规范，而法律属于非强制性规范。

（　　）37. 社会调节是以社会的道德原则和规范为尺度，来调节人们的道德行为，这是最基本的道德调节形式。

（　　）38. 公民对国家的道德责任的“底线”是明礼诚信。

（　　）39. 现代企业的团队精神属于行业职业道德规范之一。

（　　）40. 社会公德反映了人类维持公共生活秩序的愿望和要求，是一个合格的社会成员在道德上的起码标准和一般要求。

二、单项选择题（第 41 ~ 90 题，共 50 题，每题 1 分，共 50 分。每题有 4 个选项，其中只有 1 个选项是正确的，请将正确答案的代号填入括号内）

41. 学习职业道德的意义之一是（　　）。

A. 有利于自己工作　　B. 有利于行使职业权力

C. 有利于改善与领导的关系　　D. 有利于掌握道德特征

42. 属于职业道德特征的内容是（　　）。

A. 具有很强的操作性　　B. 具有很强的实践性

C. 具有很强的立法性　　D. 具有很强的监督性

43. 社会主义职业道德的核心思想是（　　）。

A. 集体主义　　B. 为人民服务

C. 立党为公　　D. 执政为民

44. 职业义务的特点是（　　）。

A. 无偿性和奉献型　　B. 利他性和自觉性

C. 尽责任和不计报酬　　D. 利他性和无偿性

45. 正确行使职业权力的首要要求是（　　）。
A. 要树立一定的权威性　B. 要求执行权力的尊严
C. 要树立正确的职业权力观　D. 要能把握恰当的权力分寸
46. 办事公道要求做到（　　）。
A. 坚持原则，秉公办事　B. 公平交易，实行平均主义
C. 一心为公，不计较他人得失　D. 办事以本单位利益为重
47. 酒店工作人员职业道德行为规范条款中有（　　）。
A. 满腔热情，多劝饮酒　B. 保持房间卫生，陪客人聊天
C. 工作负责，不断纠正客人错误　D. 宾客至上，优质服务
48. 职业道德行为的特点之一是（　　）。
A. 认真修养，才能成为高尚的人　B. 对他人和社会影响重大
C. 不管行为方式如何，只要效果好　D. 在职业活动环境中才有职业道德
49. 职业道德行为评价的根本标准是（　　）。
A. 好与坏　B. 公与私
C. 善与恶　D. 真与伪
50. 职业道德行为修养过程中不包括（　　）。
A. 自我学习　B. 自我教育
C. 自我满足　D. 自我反省
51. 学习职业道德的重要方法之一是（　　）。
A. 理论学习与读书笔记相结合　B. 个人自学与他人实践相结合
C. 知行统一与“四德”兼修相结合　D. 掌握重点与理解要点相结合
52. 职业道德从传统文明中继承的精华主要有（　　）。
A. 勤俭节约与艰苦奋斗精神　B. 开拓进取与公而忘私精神
C. 助人为乐与先人后己精神　D. 教书育人与拔刀相助精神
53. 社会主义职业道德的原则是（　　）。
A. 正确的道德理想　B. 集体主义
C. 国家利益高于一切　D. 个人利益高于集体利益
54. 职业荣誉的特点是（　　）。
A. 多样性、层次性和鼓舞性　B. 集体性、阶层性和竞争性
C. 互助性、阶级性和奖励性　D. 阶级性、激励性和多样性
55. 遵守职业纪律的首要要求是（　　）。
A. 要自觉遵守，不得有意违反　B. 要熟知职业纪律，避免无知违纪
C. 要养成良好的习惯，不明知故犯　D. 要记住纪律规章，对照检查
56. 服务群众要求做到（　　）。
A. 帮群众说好话，为群众做好事　B. 讨群众喜欢，为群众办实事
C. 树立群众观念，为群众谋利益　D. 争取群众支持，为群众主持公道

57. 驾驶员职业道德行为规范条款中有（　　）。
A. 安全及时，准班正点，尊客爱货
B. 为客人着想，多给客人介绍情况
C. 把车开快点，为客人赶时间
D. 可适当饮酒，只要把车开慢点
58. 职业道德行为选择的类型中有（　　）。
A. 在多种可能性中进行选择
B. 在多种变化情况中进行选择
C. 在多种逆境中进行选择
D. 在同属于善的多层次中进行选择
59. 职业道德行为评价的类型有（　　）。
A. 自我评价
B. 群众评价
C. 领导评价
D. 分析评价
60. 职业道德行为修养的内容包括有（　　）。
A. 道德含义
B. 职业道德批评
C. 职业道德规范
D. 职业道德评判
61.（　　）是处理职业关系的重要行为准则，是社会主义职业道德的基本要求。
A. 爱岗敬业
B. 诚实守信
C. 办事公道
D. 服务群众
62. 做人之本，立事之基，为政之根是（　　）。
A. 服务群众
B. 爱岗敬业
C. 办事公道
D. 诚实守信
63.（　　）是人区别于动物的根本条件。
A. 劳动
B. 道德
C. 行为
D. 语言
64. 党的十九大报告将“加强思想道德建设”作为增强人民的信仰来抓，提出：（　　）。
A. “国家有力量，人民有信仰，民族有希望。”
B. “人民有信仰，国家有力量，民族有希望。”
C. “国家有力量，民族有希望，人民有信仰。”
D. “人民有信仰，民族有希望，国家有力量。”
65. 下列不属于履行职业义务要求的是（　　）。
A. 努力培养自己的职业义务感
B. 自觉地、主动地履行职业义务
C. 全心全意为人民服务
D. 特殊事情特殊办理
66. 下列不属于职业理想的共性特征的是（　　）。
A. 要符合时代精神
B. 以为人民服务为核心
C. 以理想的职业平台实现理想
D. 做出符合自身实际的选择
67. 关于道德，以下描述正确的是（　　）。
A. 道德就是做好人好事
B. 道德是调整人们之间、个人与社会之间相互关系的行为规范的总和

C. 道德因人、因时而异，没有固定的标准

D. 道德就是做事符合他人的利益

68. 对幸福的理解，正确的是（　　）。

A. 幸福就是享受

B. 奉献社会就是幸福的源泉

C. 有钱就是幸福

D. 幸福就是“吃好，穿好，住好，玩好”

69. 下列违背为人民服务要求的是（　　）。

A. 提高商品质量　　B. 追求合理的社会效益

C. 以个人利益为中心做事　　D. 克服困难满足客户需要

70. 以下对道德的传承性理解错误的是（　　）。

A. 继承历史上一切的道德传统，要无条件地继承

B. 对传统美德的传承，必须是实质性的继承，而不是形式上的继承

C. 道德发展的过程是一个“扬弃”的过程

D. 任何道德都是以先前的思想成果为基础的

71. 家庭美德是每个公民在家庭生活中应该遵循的准则，家庭关系包括了（　　）。

A. 夫妻和睦　　B. 夫妻、长幼、邻里之间的关系

C. 邻里关系　　D. 尊老爱幼

72. 反映一定阶级的利益和要求并为阶级的利益和要求服务的各种道德体系和道德规范指的是道德的（　　）。

A. 共同性　　B. 普遍性

C. 阶级性　　D. 传承性

73. 传统道德所谓“见利思义”的意思是（　　）。

A. 见到利益时，要讲义气，把好处让给朋友

B. 见到利益时，在考虑经济成本后决定是否获取

C. 见到利益时，首先需要思考是否合乎道义

D. 见到利益时，不要犹豫，应立刻获取

74. 以下不属于职业道德的基本要求的是（　　）。

A. 各行各业从业者都必须服务于社会

B. 各职业群体和岗位都必须相互服务

C. 服务者之间相互尊重对方的劳动

D. 勤俭持家、邻里团结

75.（　　）是社会道德进步在职业行为中的一个重要表现，也是社会道德进步的显著标志。

A. 尊重群众　　B. 文明服务

C. 热情礼貌　　D. 热爱工作

76. 社会主义职业道德的基石和最高境界是（　　）。

A. 奉献社会　　B. 服务群众

C. 诚实守信　　D. 爱岗敬业

77. 在无人监督的情况下，仍能坚持道德观念去做事的行为称为（　　）。

A. 自立　　B. 勤奋

C. 慎独　　D. 审慎

78. 道德规范不包括以下（　　）。

A. 社会公德　　B. 职业道德

C. 家庭美德　　D. 个人品德

79. 实现中华民族伟大复兴的中国梦就是要实现（　　）。

A. 为人民服务　　B. 国家富强、民族振兴、人民幸福

C. 依法治国　　D. 奉献社会

80. 在社会主义市场经济条件下，要促进个人与社会的和谐发展，集体主义原则要求把社会集体利益与（　　）结合起来。

A. 国家利益　　B. 个人利益

C. 党的利益　　D. 单位利益

81. 以下不符合对敬业描述的是（　　）。

A. “专心致志，以事其业”　　B. “有今天的苦干，才有明天的幸福”

C. “业精于勤荒于嬉”　　D. “干一行，爱一行”

82. 下列不属于办事公道基本要求的是（　　）。

A. 公私分明，不谋私利　　B. 公正无私，不徇私情

C. 凡是群众要求办的事，都照办　　D. 不计个人得失，不畏各种权势

83. 坚持社会主义义利观不需要正确认识和处理的关系是（　　）。

A. 坚持个人利益与国家、人民利益的统一

B. 坚持物质追求与精神追求的统一

C. 坚持求利目的与求利手段的统一

D. 坚持个人梦想与集体梦想的统一

84. 以下不属于社会公德及其规范特点的是（　　）。

A. 执行的有效性　　B. 范围的广泛性

C. 具体行为的细微性　　D. 行为的外在礼仪性

85. 下列不属于社会公德的主要规范是（　　）。

A. 尊老爱幼　　B. 文明礼貌

C. 助人为乐　　D. 爱护公物

86. 职业权力的特点不包含（　　）。

A. 权威性　　B. 利己性

C. 强制性　　　　D. 隐蔽性

87. 关于道德的说法中，正确的是（　　）。

A. 道德是处理人与人之间关系、人与社会之间关系的特殊行为规范

B. 道德中的“应该”与“不应该”因人而异，没有共同道德标准

C. 道德总是发展变化的，因此判定一个人的道德优劣是不可能的

D. 在维护社会秩序上，道德只起表面作用，难以深入人心

88. 职业责任的特点不包括（　　）。

A. 差异性　　　　B. 独立性

C. 强制性　　　　D. 永久性

89. 下列关于个人幸福与集体幸福之间关系的描述，错误的是（　　）。

A. 幸福观是以集体幸福为核心　　　　B. 个人幸福和集体幸福没有必然的关系

C. 集体幸福是个人幸福的基础　　　　D. 个人幸福是集体幸福的表现

90. 职业道德与法律的区别错误的说法是（　　）。

A. 职业道德和法律都是阶级的产物

B. 职业道德与法律两者调整范围不同

C. 职业道德与法律实施方法不同

D. 职业道德注重预防性，法律注重事后的惩戒性

三、多项选择题（第91~100题，共10题，每题1分，共10分。每题有4个选项，其中至少有2个选项是正确的，请将正确答案的代号填入括号内）

91. 本职业道德教材的特点有（　　）。

A. 简洁明了，通俗易懂　　　　B. 思路清晰，逻辑性强

C. 突出重点，兼顾其他　　　　D. 针对性强，创新点多

92. 职业道德的社会作用有（　　）。

A. 有利于处理好邻居关系　　　　B. 规范社会秩序和劳动者职业行为

C. 促进企业文化建设　　　　D. 提高党和政府的执政能力

93. 职业道德与社会公德的关系有（　　）。

A. 互不相关，彼此独立　　　　B. 互相转换，唇亡齿寒

C. 互相影响，互相渗透　　　　D. 互为基础，互相促进

94. 职业责任的特点有（　　）。

A. 差异性　　　　B. 自律性

C. 独立性　　　　D. 强制性

95. 遵守职业纪律要求做到（　　）。

A. 熟知职业纪律，避免无知违纪

B. 严守职业纪律，不能明知故犯

C. 自觉遵守职业纪律，养成严于律己的习惯

D. 认真履行职业责任，搞好本职工作

96. 正确行使职业权力要做到（　　）。
A. 要树立正确的职业权力观
B. 要正确使用手中的职业权力
C. 要互相支持，互相帮助
D. 要互相监督，互相抵制滥用职权之风

97. 职业道德行为基本规范的内容有（　　）。
A. 爱岗敬业，忠于职守
B. 诚实守信，宽厚待人
C. 办事公道，服务群众
D. 以身作则，奉献社会

98. 属于职业道德特殊行为规范的是（　　）。
A. 遵守法纪，文明安全
B. 人道主义，救死扶伤
C. 准班正点，尊客爱货
D. 关爱学生，有教无类

99. 职业道德行为评价的类型有（　　）。
A. 社会评价
B. 上级评价
C. 集体评价
D. 自我评价

100. 职业道德评价的作用有（　　）。
A. 裁判作用
B. 激励作用
C. 调节作用
D. 导向作用

职业道德模拟试题（三）参考答案

一、判断题

1. ×	2. √	3. √	4. ×	5. √
6. √	7. ×	8. ×	9. √	10. ×
11. √	12. ×	13. √	14. √	15. ×
16. √	17. ×	18. ×	19. √	20. √
21. ×	22. √	23. √	24. ×	25. √
26. ×	27. ×	28. ×	29. √	30. ×
31. ×	32. √	33. √	34. ×	35. √
36. ×	37. √	38. ×	39. √	40. √

二、单项选择题

41. A	42. B	43. B	44. D	45. C
46. A	47. D	48. B	49. C	50. C
51. C	52. A	53. B	54. D	55. B
56. C	57. A	58. D	59. A	60. C
61. C	62. D	63. A	64. B	65. D
66. D	67. B	68. B	69. C	70. A
71. B	72. C	73. C	74. D	75. B
76. A	77. C	78. D	79. B	80. B
81. B	82. C	83. D	84. A	85. A
86. C	87. A	88. D	89. B	90. A

三、多项选择题

91. ABCD	92. BCD	93. CD	94. ACD	95. ABC
96. ABD	97. ABCD	98. BCD	99. ACD	100. ABCD

职业道德模拟试题（四）

一、判断题（第1~40题，共40题，每题1分，共40分。判断正确的打“√”，错误的打“×”）

（　　）1. 党的十九大提出要深入实施公民道德建设工程，推进社会公德、职业道德、家庭美德、个人品德建设，激励人们向上向善、孝老爱亲，忠于祖国、忠于人民。

（　　）2. 树立和实践社会主义荣辱观作为和谐文化建设的一项重要内容，促进了良好道德风尚与和谐社会的进一步形成。

（　　）3. 为人民服务原则在社会主义道德规范体系中，对其他原则和规范起着指导作用，并且处于主导地位，是最本质、最高的规范，是一切道德规范和范畴的统帅。

（　　）4. 道德的内容包括三个方面：道德观念、道德关系和道德活动。

（　　）5. 所谓道德情感，是指人们对行为善恶、正邪的一种内心体验。

（　　）6. 加强公民道德建设，培育文明道德风尚，要坚持以邓小平理论和“三个代表”重要思想为指导，全面落实科学发展观。

（　　）7. 道德范畴的含义有广狭之分，从狭义上说，是指那些反映和概括道德的主要本质的，体现一定社会整体的道德要求的，并成为人们的普遍信念而对人们行为发生影响的基本概念。

（　　）8. 所谓道德的阶级性，是指阶级社会的各种道德体系和道德规范，都是反映一定阶级的利益和要求并为阶级的利益和要求服务的。

（　　）9. 个人道德缺失是腐败现象存在和发展的唯一根源。

（　　）10. 良好道德风尚的形成是一个逐步积累的过程，社会主义荣誉观的确立是一个长期的过程。

（　　）11. 职业道德情感是人们在职业活动中选择道德行为的直接推动力量，职业道德情感一旦形成，就会积极地影响和调节人们的道德行为。

（　　）12. 触犯了法律就一定违反了道德规范。

（　　）13. 在坚持全心全意为人民服务的宗旨的同时，还要解决好个人利益与集体利益之间的冲突问题。

（　　）14. 职业道德就是各项管理制度。

（　　）15. 现代企业的团队精神属于职业道德规范之一。

（　　）16. 职业道德与职业技能没有关系。

（　　）17. 十八届三中全会指出，改革开放最主要的成果是开创和发展了中国特色社会主义，为社会主义现代化建设提供了强大动力和有力保障。

（　　）18. 开拓创新最主要的是注重创新的方法，其余都是次要的。

（　　）19. 如果城市管理员私收违章个体商贩的罚款故意不出票据，这属于从业人员利用权力牟取私利现象。

（　　）20. 职业活动前要进行导向筛选，通过这一过程，从业者的职业行为就会有正确的导向，少走或者不走弯路、错路。

（　　）21. 服务群众只要做到热情周到就行了。

（　　）22. 职业态度就是劳动态度。

（　　）23. 职业道德的真正形成是在封建社会。

（　　）24. 职业理想的最高境界是为人民服务和奉献社会。

（　　）25. “诚实”就是忠诚老实，真实无妄。

（　　）26. 诚实守信是我们职业活动在社会中生存和发展的基础，也是职业道德规范的核心内容。

（　　）27. 诚实守信就是在任何时候都要实事求是，任何情况下绝不能讲假话。

（　　）28. 合理是指合乎情理，合乎公理，大家在情感上都能接受。

（　　）29. 办事公道只是对领导干部的要求。

（　　）30. 以业寄生的典型表现是行业不正之风。

（　　）31. 要做到办事公道，关键在于无私。

（　　）32. 服务群众的岗位不同，则其服务的宗旨也不同。

（　　）33. 判断奉献与否，首先要看是否包含着自我牺牲的因素，没有自我牺牲，就不能算为奉献。

（　　）34. 在社会主义社会中，国家、集体和个人的利益在根本上是一致的，如果有矛盾，个人的利益要服从国家和集体的利益。

（　　）35. 市场经济就是法制经济、道德经济和信用经济。

（　　）36. 一个机关、单位工作质量、工作效率的高低，取决于本单位领导干部工作质量、工作效率的高低。

（　　）37. 职业是人与人之间联系、交往的主要场所，是个人参与社会生活、承担社会责任的主要途径。

（　　）38. 凡是人们为了一定的目的，通过自我学习、自我锻炼，通过长期的努力所形成的某种水平和能力都叫做修养。

（　　）39. 慎独，就是在无人监督的情况下，仍能坚持自己的道德信念，自我监督，自我约束，自觉地按照道德规范的要求去做。

（　　）40. 坚持以人为本，是科学发展观的本质和核心。

二、单项选择题（第41~90题，共50题，每题1分，共50分。每题有4个选项，其中只有1个选项是正确的，请将正确答案的代号填入括号内）

41. 强化职业责任是（　　）职业道德规范的具体要求。

A. 团结协作　　B. 诚实守信

C. 勤劳节俭　　D. 爱岗敬业

42. 办事公道是指从业人员在进行职业活动时要做到（　　）。

A. 原则至上，不徇私情，举贤任能，不避亲疏

B. 奉献社会，襟怀坦荡，待人热情，勤俭持家

C. 坚持真理，公私分明，公平公正，光明磊落

D. 牺牲自我，助人为乐，邻里和睦，正大光明

43. 以下关于诚实守信的认识和判断中，正确的是（　　）。

A. 诚实守信与经济发展相矛盾

B. 诚实守信是市场经济应有的法则

C. 是否诚实守信要视具体对象而定

D. 诚实守信应以追求利益最大化为准则

44. 要做到遵纪守法，对每个职工来说，必须做到（　　）。

A. 有法可依　　B. 反对“管”“卡”“压”

C. 反对自由主义　　D. 努力学法，知法、守法、用法

45. 下列关于创新的论述，正确的是（　　）。

A. 创新与继承根本对立　　B. 创新就是独立自主

C. 创新是民族进步的灵魂　　D. 创新不需要引进国外新技术

46. 某商场有一顾客在买东西时，态度非常蛮横，语言也不文明，并提出了许多不合理的要求，你认为营业员正确的处理方式是（　　）。

A. 坚持耐心细致地给顾客解释，并最大限度地满足顾客要求

B. 立即向领导汇报

C. 对顾客进行适当的批评教育

D. 不再理睬顾客

47. 职业道德活动中，符合“仪表端庄”具体要求的是（　　）。

A. 着装华贵　　B. 着装朴素大方

C. 饰品俏丽　　D. 发型突出个性

48. 下列说法中，不符合从业人员开拓创新要求的是（　　）。

A. 具备坚定的信心和顽强的意志　　B. 墨守成规

C. 经常进行思维训练　　D. 标新立异

49. 在与顾客的交流过程中，一般情况下，应关注（　　）。

A. 顾客的需求　　B. 交易最终能否成功

C. 引导顾客的思路或观念　　D. 视情况而定

50. 当顾客向你提出无法满足的要求时，应采用的做法是（　　）。

A. 先向顾客做出承诺，然后再想办法解决

B. 向顾客说明实际情况，尽量与顾客达成谅解

C. 向顾客说明你公司或该产品其他方面的优势

D. 说明实情，向他介绍能够满足其要求的其他公司

51. 以下表述中正确的是（　　）。

A. 特定情况下，可以铺张浪费

B. 无论如何人们都应该节俭

C. 追求消费是合理的

D. 由于享乐是人性的要求，因此，应提倡享乐

52. 无产阶级世界观和马克思主义思想的基础是（　　）。

A. 改革创新　　B. 实事求是

C. 廉洁奉公　　D. 勤政爱民

53. 人们对未来的工作部门、工作种类、务业的想象、向往和希望称为（　　）。

A. 职业文化　　B. 职业素养

C. 职业理想　　D. 职业道德

54. 下列行为中，不属于爱人民的表现是（　　）。

A. 处处尊重人民，尊重人民的首创精神

B. 关心人民的疾苦，一心一意为人民谋利益

C. 要同一切危害人民利益的行为做斗争

D. 随时随地为本单位的利益着想

55. 不同于其他行为准则，能够区分善与恶、好与坏、正义与非正义的行为准则是（　　）。

A. 法律规范　　B. 政治规范

C. 道德理论体系　　D. 道德规范

56. 关于职业道德社会作用的错误说法是（　　）。

A. 有助于提高全社会的道德水平

B. 促进本行业的发展

C. 仅有助于维护和提高本行业的信誉

D. 调节职业交往中从业人员内部的关系和从业人员与服务对象间的关系

57. 道德理论体系通常可以叫做（　　）。

A. 社会性　　B. 伦理学

C. 人类学　　D. 公共关系学

58. 关于职业道德的说法中，正确的是（　　）。

A. 职业道德是在职业活动中调节人与人之间关系的特殊行为规范

B. 职业道德是主观思考的产物，没有客观依据

C. 每个人都有各自的职业道德观念，以共同的职业道德规范要求他人是不正确的

D. 职业道德同法律一样，必须在外在规范的约束下才能发挥作用

59. 道德可以依靠内心信念的力量来维持对人们行为的调整。内心信念是指（　　）。

A. 调整人们之间以及个人与社会之间关系的行为规范

B. 用善恶观念为标准来评价人们在社会生活中的各种行为

C. 依靠信念、习俗和社会舆论的力量来调整人们在社会关系中的各种行为

D. 一个人发自内心地对某种道德义务的强烈责任感

60. （　　）是社会和谐的前提，这是社会主义最本质的规定，是核心中的核心。

A. 共同发展　　B. 共同富裕

C. 共同进步　　D. 贫富均分

61. 党的十九大提出要“加强爱国主义、集体主义、社会主义教育，引导人们树立正确的（　　）”。

A. 历史观、民族观、国家观、文化观

B. 历史观、民族观、国家观、政治观

C. 历史观、科学观、国家观、文化观

D. 历史观、民族观、社会观、文化观

62. （　　）是集体主义精神的最高表现，而坚持集体主义原则则是全心全意为人民服务的本质要求。

A. 坚持党的领导　　B. 社会主义荣誉观

C. 全心全意为人民服务　　D. 个人英雄主义

63. 正确的义利观，其中对“义”的描述，不包括（　　）。

A. 为人民服务　　B. 集体主义

C. 无私奉献　　D. 义务

64. 关于道德与法律的区别，表述不正确的是（　　）。

A. 道德的表现形式不如法律严格

B. 道德的调整范围比法律广

C. 法律由国家强制力保障实施

D. 道德产生时间比法律早，有阶级的社会才有道德规范

65. 下面关于职业道德行为的主要特点不正确的表述是（　　）。

A. 与职业活动紧密相关　　B. 职业道德行为的选择

C. 与内心世界息息相关　　D. 对他人的影响重大

66. 衡量一个公民精神文明水平高低的重要标尺是（　　）。

A. 职业道德　　B. 公民道德

C. 是否守法　　D. 网络道德

67. 公民道德建设的基本要求是（　　）。

A. 集体主义

B. 为人民服务

C. 爱祖国、爱人民、爱劳动、爱科学、爱社会主义

D. 共产主义

68. 家庭美德的主要规范不包括（　　）。

A. 尊老爱幼　　B. 爱科学

C. 夫妻和睦　　D. 邻里团结

69. 关于“节约”的说法，你认为正确的是（　　）。

A. 节约是物资匮乏时代的要求，现在过时了

B. 节约就是尽量不花钱

C. 财富的产生主要靠节约来实现

D. 节约不仅具有道德价值，也具有经济价值

70. 个人要取得事业成功，实现自我价值，关键是（　　）。

A. 人际关系好　　B. 运气好

C. 掌握一门专业技术　　D. 德才兼备

71. 文明与进步的重要标志是（　　）。

A. 经济发展　　B. 质量

C. 信誉　　D. 教育

72. 职业道德评价类型不包含（　　）。

A. 单位评价　　B. 社会评价

C. 集体评价　　D. 自我评价

73. （　　）是指个人在政治、思想、道德品质、知识技能方面，经过学习和自我锻炼所达到的水平。

A. 能力　　B. 修养

C. 技术　　D. 学历

74. 职业道德修养的最高境界是（　　）。

A. 慎独　　B. 自觉

C. 遵纪守法　　D. 舍我

75. 在职业活动中，主张个人利益高于他人利益、集体利益和国家利益的思想属于（　　）。

A. 极端个人主义　　B. 自由主义

C. 享乐主义　　D. 拜金主义

76. 在职业活动中，有些从业人员将享乐与劳动、奉献、创造对立起来，甚至为了追求个人享乐，不惜损害他人和社会利益。这些人所持的理念属于（　　）。

A. 拜金主义的社会价值观　　B. 小团体主义的价值观

C. 享乐主义的价值观　　D. 极端个人主义价值观

77. “鞠躬尽瘁，死而后已”是要求从业者在职业活动中要做到（　　）。

A. 执着　　B. 民主

C. 谨慎　　D. 奉献

78. （　　）是一个民族和国家进行正常社会生活的最广大、最基础的“社会细胞”。

A. 家庭　　B. 单位

C. 个人　　D. 学校

79. 下列不属于家庭美德特点的是（　　）。

A. 情感性强　　B. 适用范围与对象的特殊性

C. 成员相对简单　　D. 约束和规范方式的特殊性

80.（　　）是个人在道德行为中所表现出来的较为稳定的品质特征，是一定的社会的道德原则和规范在个人意志和行为中的体现，是个性道德面貌的标志。

A. 个性　　B. 个人品德

C. 自律性　　D. 个人魅力

81. 职业道德与法律在社会作用方面的关系，不包括（　　）。

A. 互相配合　　B. 互相关心

C. 互相补充　　D. 相辅相成

82. “按时上下班，不迟到、早退、旷工”强调的是（　　）。

A. 劳动纪律　　B. 群众纪律

C. 财经纪律　　D. 社会纪律

83. 下列不属于职业良心特点的是（　　）。

A. 时代性　　B. 内隐性

C. 自育性　　D. 变化性

84. 每一年度评选先进工作者体现的是职业荣誉的（　　）。

A. 阶级性　　B. 激励性

C. 多样性　　D. 回报性

85. 职业理想的阶段性不包括（　　）。

A. 长期　　B. 中期

C. 近期　　D. 短期

86. 服务群众的核心内容是（　　）。

A. 热情周到　　B. 优质服务

C. 遵守职业纪律　　D. 向先进典型学习

87. 孔子说“三人行，必有我师焉”。这说的学习方法是（　　）。

A. 明确目标　　B. 多问好问

C. 利用好社会资源　　D. 借助学习工具

88. 齐家、治国、平天下的先决条件是（　　）。

A. 修身　　B. 诚信

C. 自力　　D. 节俭

89. 在会计工作岗位上，拥有会计上岗证，属于职业技能认证中的（　　）。

A. 职业技能认证　　B. 资格认证

C. 社会认证　　D. 职业责任

90. 下列认识中，你认为最可取的是（　　）。

A. 我是一块砖，任凭领导往哪儿搬

B. 找工作不容易，因此干一份工作就要一干到底

C. 要树立干一行、爱一行、专一行的思想

D. 为累积更多社会经验，因此要多转行，多接受锻炼

三、多项选择题（第91~100题，共10题，每题1分，共10分。每题有4个选项，其中至少有2个选项是正确的，请将正确答案的代号填入括号内）

91. 在职业理想上，符合职业道德要求的做法是（　　）。

A. 把职业作为实现个人目的的踏板　　B. 把职业追求与为社会服务结合起来

C. 把劳动作为谋生的手段　　D. 寻求能够发挥自己特长的职业

92. 职业道德的形成正确的说法有（　　）。

A. 萌芽于原始社会

B. 形成于奴隶社会

C. 形成于资本主义到社会主义过渡时期

D. 形成于封建社会及其以后

93. 职业道德与家庭美德的关系有（　　）。

A. 相对独立，关系不大　　B. 互相影响，互为促进

C. 较为一致，整体融合　　D. 完全一致，没有区别

94. 职业良心的特点是（　　）。

A. 宽泛性　　B. 时代性

C. 内隐性　　D. 自育性

95. 培养职业良心的要求有（　　）。

A. 职业活动前要进行导向筛选　　B. 职业活动中要进行监督调节

C. 职业活动后要进行总结评判　　D. 职业活动过程要不断控制

96. 追求职业幸福要求做到（　　）。

A. 正确处理好个人幸福与集体幸福之间的关系

B. 正确处理好工作幸福与休息幸福之间的关系

C. 正确处理好物质生活幸福与精神生活幸福之间的关系

D. 正确处理好创造职业幸福与享受职业幸福之间的关系

97. 遵守职业道德行为规范的意义有（　　）。

A. 有利于提高从业人员对法律和纪律的自我约束力

B. 有利于提高工作效率，增产增收，达到为人民服务的目的

C. 有利于提高从业人员职业道德修养，形成良好职业道德品质

D. 有利于提高产品质量，促使文明安全进步

98. 《公民道德建设实施纲要》中明确提出的职业道德规范包括（　　）。

A. 爱岗敬业，诚实守信　　B. 团结协作，互帮互助

C. 办事公道，服务群众　　D. 奉献社会

99. 职业道德行为评价的方式有（　　）。

A. 下级评价　　B. 社会舆论

C. 职业习俗　　D. 内心信念

100. 职业道德行为修养的方法有（　　）。

A. 认真学习职业道德理论　　B. 正确选择职业道德行为

C. 积极参加职业道德实践　　D. 不断提高职业道德境界

职业道德模拟试题（四）参考答案

一、判断题

1. √	2. √	3. ×	4. ×	5. ×
6. √	7. √	8. √	9. ×	10. √
11. √	12. √	13. √	14. ×	15. √
16. ×	17. √	18. ×	19. √	20. √
21. ×	22. √	23. ×	24. √	25. √
26. √	27. ×	28. √	29. ×	30. √
31. √	32. ×	33. √	34. √	35. √
36. ×	37. √	38. √	39. √	40. √

二、单项选择题

41. D	42. C	43. B	44. D	45. C
46. A	47. B	48. B	49. A	50. B
51. B	52. B	53. C	54. D	55. D
56. C	57. B	58. A	59. D	60. B
61. A	62. C	63. D	64. D	65. B
66. B	67. C	68. B	69. D	70. D
71. B	72. A	73. B	74. A	75. A
76. C	77. D	78. A	79. C	80. B
81. B	82. A	83. D	84. B	85. D
86. B	87. B	88. A	89. B	90. C

三、多项选择题

91. BD	92. AB	93. BC	94. BCD	95. ABC
96. ACD	97. ABCD	98. ACD	99. BCD	100. ABCD

机关事业单位技术工人技术等级考核和技师职务考评职业道德模拟试题

（共95题，满分100分，时限90分钟）

一、判断题（第1~40题，共40题，每题1分，共40分。请在答题卡对应的题号上，将你认为正确的选“A”填涂，错误的选“B”填涂；全部选“A”填涂或全部选“B”填涂的，均记为0分）

（　）1. 社会公德、职业道德、家庭美德要通过每一个人的个人品德来体现。

（　）2. 职业道德体现的是“以德治国”，法律体现的是“依法治国”，因此两者没有关系。

（　）3. 职业道德就是从事一定职业的人们在特殊的职业关系中，在长期职业活动的基础上形成的、具有自身职业特征的、在履行其职责过程中理应遵循的道德规范和行为准则的总和。

（　）4. 家庭美德的主要规范是尊老爱幼、男女平等、夫妻和睦、勤俭持家、邻里团结。

（　）5. 诚实守信中所谓“诚实”就是忠诚老实，就是真实无妄；所谓“守信”是指要信守诺言，说话算数。

（　）6. 办事公道是指从业人员在从事职业活动、行使职业权力时，站在客观公正的立场上，按照同一标准和同一原则公平合理地做事和处理问题。

（　）7. 作为在机关事业单位工作的厨师，每天做的都是大锅饭，没有多少技术性，因此不需要对技术精益求精。

（　）8. 职业理想是每一个人的事，具有很强的个性，因此没有共性。

（　）9. 加强职业道德建设，有利于净化社会风气，提高社会文明程度。

（　）10. 正确处理好个人幸福与集体幸福之间的关系是职业道德对追求职业幸福的最基本的要求。

（　）11. 良心在人们选择和调整个人道德行为中起着重要作用。

（　）12. 对职业道德行为的评价应“以事实为依据，以法律为准绳”。

（　）13. 职业道德建设是社会主义道德建设的突破口和关键所在。

（　）14. 道德修养是培养人们的良心，使道德规范转化为人们内心信念不可缺少的重要环节。

（　）15. 工人技术技能水平的高低是决定产品质量高低的唯一依据，其职业道德素质起不了多大作用。

（　　）16. 慎独就是在无人监督的情况下，仍能坚持自己的道德信念，自我监督、自我约束、自觉地按照道德规范去做。

（　　）17. 职业道德修养中提到的“反省”，是指要依据一定的职业道德标准经常检查自己，同不符合职业道德规范要求的行为做斗争，并自觉地使自己的言行符合职业道德标准的要求。

（　　）18. 法治是确保产品质量的唯一手段。

（　　）19. 从业人员良好的职业道德品质的养成不仅需要外在的规范和约束，更需要内在的道德自觉和自我培养。

（　　）20. 产品质量、安全生产有相应的法律规定，因此不属于职业道德规范。

（　　）21. 社会主义公民道德建设中的社会公德的基本行为准则是：文明礼貌、助人为乐、爱护公物、遵纪守法。

（　　）22. 社会舆论是指在一定的社会生活范围内，对某种事件、现象、行为等评价对象，用语言文字表达的某种倾向性意见。它是职业道德行为评价的基本方式之一。

（　　）23. 职业的正常转换与热爱本职工作的职业道德要求不相一致。

（　　）24. 勤俭节约只是我国的传统美德，只是体现在家庭美德上，和职业道德没有关系。

（　　）25. 凡是社会成员的行为违反我国宪法和法律的，也必然是违反职业道德的。

（　　）26. 机关事业单位的工人一般从事后勤保障、服务性质的工作，没有职业权力，因此不存在办事公道的问题。

（　　）27. 精通业务、技艺精湛是从业人员基本职业道德规范的一项重要要求。

（　　）28. 职业道德是以为人民服务为核心，以集体主义为原则。

（　　）29. 开拓创新不是重要的职业道德规范之一。

（　　）30. 机关事业单位后勤服务人员在遵守“办事公道”职业道德规范时，要坚决杜绝上级面前点头哈腰、群众面前双手叉腰、上级面前低眉顺眼、群众面前爱翻白眼、对不同身份、地位的人区别对待的作风。

（　　）31. 作为在机关工作的驾驶员，服务对象主要是领导，因此不需要服务群众。

（　　）32. 党的十七大明确提出，作为公民应该在道德修养方面做到社会公德、职业道德、家庭美德、个人品德四德兼修。

（　　）33. “爱国守法、明礼诚信、团结友善、勤俭自强、敬业奉献”的公民基本道德规范与“爱岗敬业、诚实守信、办事公道、服务群众、奉献社会”的职业道德规范没有内在联系。

（　　）34. 加强职业道德修养的最主要途径是加强职业道德的学习和长期实践，不断提高职业道德认识、培养职业道德良心、增强职业道德信念，最终形成职业道德优良品德。

（　　）35. 中华人民共和国的法律是通过他律、强制的形式实现，因此不需要自觉遵守。

(　　) 36. 企业或机关事业单位的规章制度中没有职业道德的内容。

(　　) 37. “方便群众、让群众满意”是做一位服务群众的好工人的要求之一。

(　　) 38. 职业道德品德可以自然养成。

(　　) 39. 社会主义核心价值体系建设不包括职业道德内容。

(　　) 40. “邻里团结”属家庭美德范畴。

二、单项选择题（第 41～90 题，共 50 题，每题 1 分，共 50 分。每题仅有一个选项是正确的，请在答题卡对应的题号上，填涂正确的选项；填涂两个或两个以上选项不得分）

41. 职业道德是依靠（　　）来维系的。

A. 法律手段

B. 行政手段

C. 专门的组织机构

D. 社会舆论、人们的良心、信念、传统习惯和教育的力量

42. 以下职业道德的特征不正确的一项是（　　）。

A. 普遍规范与行业要求共生　　B. 传统继承与时代特色并存

C. 只具有普遍性没有特殊性　　D. 内容一致与形式多样互补

43. 人的良好的道德品质是（　　）。

A. 与生俱来的　　B. 经过教育培养和自我修养

C. 小时候形成的习惯　　D. 学校教育的结果

44. 社会主义道德的基本要求是（　　）。

A. 社会公德、职业道德、家庭美德

B. 爱国主义、集体主义和社会主义

C. 爱祖国、爱人民、爱劳动、爱科学、爱社会主义

D. 有理想、有文化、有纪律

45. 职业道德是社会道德（　　）。

A. 在职业活动中的具体体现　　B. 在家庭生活中的具体体现

C. 在学校生活中的具体体现　　D. 在国际交往中的具体体现

46. 下面关于勤劳节俭说法正确的是（　　）。

A. 消费可以拉动需求、促进经济发展，因此提倡节俭是不合时宜的

B. 勤劳节俭是物质匮乏时代的产物，不符合现代企业精神

C. 勤劳节俭只是家庭美德提出的要求

D. 勤劳可以提高效率，节俭可以降低成本

47. 北京同仁堂集团公司旗下的药厂挂有这样一副对联：“炮制虽繁从不敢省人工；品位虽贵必不敢减物力。”这说明同仁堂公司兴盛的秘诀是（　　）。

A. 顾客至上　　B. 救死扶伤

C. 一丝不苟　　D. 诚实守信

48. “人的生命是有限的，可是为人民服务是无限的。我要把有限的生命，投入到无限的为人民服务中去。”这段话是“服务群众”的道德格言，它是（　　）讲的。

A. 雷锋　　B. 李素丽

C. 张秉贵　　D. 鲁迅

49. 对“我为人人，人人为我”的正确理解是（　　）。

A. 我在为每一位人服务，所以每一个人都要为我服务

B. “我为人人”是手段，“人人为我”是目的

C. 人人如果不为我服务，我也不为人人服务

D. 每一位从业人员都在互相服务的情况下生活着，人人都是被服务对象，人人又都在为他人服务

50. 下面关于“文明安全”的职业道德规范不正确的表述是（　　）。

A. 文明安全可以提高文明安全生产和服务的自律意识

B. 职业活动中，文明安全已经有相关的法律规定，因此不需要通过职业道德来规范从业人员的职业行为

C. 文明安全可以提高保护国家和人民生命财产安全的意识

D. 文明安全可以提高生产活动中自我保护意识

51. 集体主义是一种价值观念和行为准则，坚持集体主义就要做到（　　）。

A. 坚持集体利益就是要否认个人利益

B. 什么时候都要充分尊重个人利益，把个人利益放到第一位

C. 坚持集体利益高于个人利益，全局利益高于局部利益

D. 局部利益高于个人利益，全局利益服从局部利益

52. 下面对于爱岗敬业的说法不正确的是（　　）。

A. 爱岗敬业与从业者的岗位流动是矛盾的，一旦工作流动了，就不爱岗敬业了

B. 爱岗与敬业本质上是相统一的

C. 爱岗敬业就是要热爱本职工作

D. 爱岗敬业与社会主义市场经济提倡的人才流动、职业转换不矛盾

53. 下列行为中属于良好职业道德行为的是（　　）。

A. 餐厅服务员张蕾对待顾客热情周到

B. 吴长荣在家经常帮助家长做家务

C. 李伟在公共汽车上主动给老人让座

D. 张长顺挺身而出勇救溺水儿童

54. 东汉时期有一位清廉无私的官吏杨振，在上任的路上，他过去曾经举荐的王密深夜前来送礼，但杨振拒绝收受，这种行为在职业道德中被称为（　　）。

A. 敬业　　B. 慎独

C. 谦虚　　D. 公正

55. 社会主义道德建设要坚持以（　　）为着力点。

A. 为人民服务
B. 集体主义
C. 社会公德、职业道德、家庭美德
D. 依法治国与以德治国二者紧密结合

56. 职业道德的真正形成是在（　　）社会。
A. 封建社会　　B. 奴隶社会
C. 原始社会　　D. 社会主义社会

57. 做到开拓创新的人，一般是（　　）。
A. 思维怪异的人　　B. 物质条件充裕的人
C. 受过高等教育的人　　D. 具有坚定意志的人

58. 要加强自我职业道德修养，应该从以下几点做起，其中错误的是（　　）。
A. 从学习做起　　B. 从批评别人做起
C. 从现在做起　　D. 从点滴做起

59. 《易经》中有句话，“二人同心，其利断金。”这反映的是（　　）。
A. 爱国主义道德范畴　　B. 社会主义道德范畴
C. 功利主义道德范畴　　D. 集体主义道德范畴

60. 关于良心在个人行为发生时所起的作用，不正确的说法是（　　）。
A. 在个人行为发生之前，良心对选择道德行为的动机起着指导作用
B. 在个人行为进行中，良心起着监督作用
C. 在个人行为发生之后，良心对行为的后果和影响有着评价作用
D. 良心在个人行为发生之前、行为进行中和行为发生之后所起的作用不大

61. 下面关于遵纪守法正确的说法是（　　）。
A. 只讲道德品质即可不犯法
B. 法律是强制性的，不需要列入职业道德规范来让从业者“自律”
C. 遵纪守法与职业道德要求具有一致性
D. 职业道德与法律没有关系

62. “积小善而成大德”这句话在加强自我职业道德修养中（　　）。
A. 从学习做起　　B. 从我做起
C. 从现在做起　　D. 从点滴做起

63. 孔子看见他的学生宰予“昼寝”，就说：“朽木不可雕也。”其用意是（　　）。
A. 孔子提醒他尽量晚上睡觉　　B. 朽木再没有继续雕刻的必要了
C. 学习和工作要有创造性　　D. 疏懒是一种不可饶恕的罪过

64. 宾馆工作人员职业道德行为规范中有（　　）。
A. 满腔热情，劝客人多饮酒　　B. 宾客至上，优质服务
C. 保持房间卫生，陪客人聊天　　D. 工作负责，不断纠正客人错误

65. 驾驶员职业道德行为规范中有（　　）。

A. 安全及时、准班正点、尊客爱货

B. 为客人或领导着想，多给客人或领导介绍情况

C. 把车开快点，为客人或领导赶时间

D. 可适当饮酒，只要把车开慢点

66. 有的人利用手中的权力对公共财产巧取豪夺，据为己有；有的人玩忽职守造成公共财产的流失、损毁；有的人不厉行节约，浪费公物。这违背了社会公德中的（　　）。

A. 保护环境　　B. 助人为乐

C. 文明礼貌　　D. 爱护公物

67. 在社会主义公民道德建设中社会公德的基本行为准则是（　　）。

A. 文明礼貌、助人为乐、爱护公物、保护环境、遵纪守法

B. 爱岗敬业、诚实守信、办事公道、服务群众、奉献社会

C. 尊老爱幼、男女平等、夫妻和睦、勤俭持家、邻里团结

D. 依法治国、以德治国、服务群众、男女平等、办事公道

68. “三个公章，不抵一个老乡，公章碗口大，不抵熟人一句话；案子一进法院门，两头都托人，舅子找老表，老表找熟人。”这是职业活动中办事不公的（　　）现象。

A. 以权谋私　　B. 以业寄生

C. 徇情办事　　D. 损公肥私

69. 正确的义利观，在现实条件下的选择是（　　）。

A. 见利思己　　B. 见利思义

C. 嘴上讲义，行动上讲利　　D. 行小义，得大利

70. 在日常生活中，我们经常看到这些现象：有些人将用过的电池随处乱扔，运渣车在夜半之时将垃圾倒在路上，这属于（　　）情况。

A. 没有助人为乐　　B. 不爱护公物

C. 破坏环境　　D. 不讲礼貌

71. 在许多公共用水场所我们经常看到有人用水过后不关水龙头，有些大学生食堂部分学生大量倾倒剩饭剩菜。这属于（　　）的现象。

A. 不勤俭节约　　B. 不礼貌

C. 没有助人为乐　　D. 不讲家庭美德

72. 某媒体曾经有过这样一则报道，有这样一对夫妇，妻子已经出现临产疼痛症状，丈夫让妻子自己“打的”到医院生孩子，自己则仍然沉迷在电脑游戏中，全然不顾。这主要属于（　）现象。

A. 不讲社会公德　　B. 不讲职业道德

C. 不讲工作纪律　　D. 不讲家庭美德

73. 爱因斯坦认为：“人只有献身于社会，才能找出那短暂而有风险的生命的意义。”这句话说明职业劳动者的人生价值和最大价值在于（　　）。

A. 自食其力　　B. 有才能

C. 对社会有用　　D. 奉献

74. 职业道德范畴包括（　　）。

A. 职业态度、职业义务、职业良心、职业荣誉等

B. 职业义务、职业公德、职业理论、职业技能等

C. 职业良心、职业定义、职业作风、职业纪律等

D. 职业荣誉、职业态度、职业素质、职业道德等

75. 职业义务就是（　　）。

A. 从业者对职业责任的自觉意识

B. 从业者应具备的职业技术和本领

C. 从业者在职业活动中应遵守的职业规定及要求

D. 职业群体和从业者所应承担的职业责任

76. 下列说法中，属于道德范畴的是（　　）。

A. 畸形与正常　　B. 丑陋与漂亮

C. 羸弱与强壮　　D. 偏私与公正

77. 不诚信的表现有（　　）。

A. 制假、打假、信假　　B. 制假、售假、说假

C. 制假、信假、用假　　D. 说假、信假、打假

78. 下列不正确的职业道德行为选择类型是（　　）。

A. 在进退两难中进行职业道德行为选择

B. 在社会价值的多种可能性中进行职业道德行为选择

C. 在同属于善的多种层次中进行职业道德选择

D. 在善恶对立的处境中进行职业道德选择

79. 诚实守信的基本要求之一有（　　）。

A. 重质量、轻服务、讲信誉　　B. 诚实劳动、合法经营、依法纳税

C. 实事求是、少讲假话　　D. 创造名牌产品、提供一流服务

80. 有一位叫杰克·韦尔奇的企业家曾经说过："任何一家想竞争取胜的公司必须设法使每个员工敬业。"下列说法中，与韦尔奇上述言论相符的是（　　）。

A. 想方设法使员工敬业是企业管理的核心目的

B. 敬业精神高于企业发展战略

C. 员工的敬业精神是企业竞争取胜的重要保障

D. 只要员工具备敬业精神，企业必会无往而不胜

81. 从职业活动内在的道德准则看，"审慎"的根本含义是（　　）。

A. 多请示汇报，同时集思广益　　B. 不冒险

C. 谨慎，少言多做　　D. 以最佳手段取得最优效果

82. 以下四个说法中正确的是（　　）。

A. 办事不公导致人心稳定　　B. 办事不公导致人心攀比

C. 办事不公导致人心聚集　　D. 办事不公导致人心涣散

83. 职业纪律是一种（　　），它既要求人们能自觉遵守，又带有一定的强制性。

A. 法令　　B. 规章制度

C. 行为倾向　　D. 法规

84. 在家庭关系中，夫妻关系可以说是（　　）。

A. 平等的关系，是家庭关系的主角

B. 同志似的关系，是家庭关系的关键

C. 最根本的关系，是家庭关系的核心

D. 恩爱关系，在家庭关系中承上启下

85. “职业劳动者的最大价值在于奉献。”这句话（　　）。

A. 正确　　B. 不正确

C. 不好判断正误　　D. 没有正误之分

86. 职业道德的基本职能是（　　）。

A. 服务职能　　B. 调节职能

C. 保证职能　　D. 法治职能

87. 公民道德建设的长期性是指（　　）。

A. 加强公民道德建设是一项长期任务

B. 加强公民道德建设是一项短期任务

C. 加强公民道德建设是一项速成任务

D. 加强公民道德建设是一项困难任务

88. 公民道德建设的根本任务是培养一代又一代（　　）。

A. 有理论、有道德、有文化、有纪律的社会主义公民

B. 有前途、有道德、有知识、有修养的社会主义公民

C. 有理想、有道德、有文化、有纪律的社会主义公民

D. 有理想、有技术、有纪律、有知识的社会主义公民

89. 下列说法正确的是（　　）。

A. 为人民服务是对公务员的特殊要求

B. 为人民服务是对全国人民的普遍要求

C. 为人民服务是对广大知识分子的广泛要求

D. 为人民服务是对全体军人的特殊要求

90. 世界500强企业关于优秀员工的12条核心标准中，要求建立“良好的人际关系”。对从业人员来说，践行这一标准的意义在于（　　）。

A. 人际关系好，自然好办事

B. 良好的人际关系会成为员工一生中最珍贵的资产

C. 可以减少管理中的矛盾

D. 通过建立良好的人际关系，能够增强员工的工作舒适感

三、实务题（第 91~95 题，共 5 题，每题 2 分，共 10 分，每题有一个选项是正确的，请在答题卡对应的题号上，填涂正确的选项；填涂两个或两个以上选项不得分）

根据以下资料回答第 91 题

据《天天新报》报道，天津火车站发往北京火车站的 D175 次津京城际列车，发生过这样一件乌龙事件，就在列车即将从天津发车时，火车司机却发现起动列车的钥匙丢失了，于是发动全火车的 500 多名乘客在全火车车厢内帮忙找钥匙，全部司乘人员也打着电筒找，结果仍然没有找到，最后是派专人从北京将该列车的备用钥匙送来，才将列车起动，开往北京，此时列车已经晚点了两个小时。

91. 该列车司机（　　）。

A. 触犯了法律，应该判刑

B. 工作严重失职，违反职业纪律和司机“准班正点”的职业道德规范

C. 违反了家庭美德

根据以下资料回答第 92 题

“你一定也吃过地沟油”，武汉工业学院食品科学与工程学院教授何东平估计，目前我国每年返回餐桌的地沟油有 200 万~300 万吨。而中国人一年的动物油、植物油消费总量大约是 2 250 万吨，也就是说，按照比例，你吃 10 顿饭，可能有 1 顿碰上的是地沟油。医学研究显示，地沟油中的重要危害物之一黄曲霉素是一种强烈的致癌物质，其毒性是砒霜的 100 倍。可见地沟油对公众的危害已经到了何等严重的地步。

92. 这种为牟利不惜欺诈和毒害消费者的制售地沟油的行为（　　），一定要严惩。

A. 违反了职业道德

B. 违犯了法律法规

C. 既触犯了法律法规，又违反了职业道德和社会公德

根据以下资料回答第 93 题

“5·12”汶川大地震发生的瞬间，正在上课的德阳汉旺东汽中学的谭千秋老师朝学生大喊“什么都不要拿，马上走，赶快走！”同学们迅速撤离教室，但他眼看身边 4 个同学已经来不及撤离，于是奋不顾身，将 4 个同学塞进课桌下，自己却张开双臂趴在课桌上，用自己的生命救活了 4 个同学。

93. 谭千秋老师的这种精神在职业道德中表现为（　　）。

A. 不怕牺牲、奉献社会的精神

B. 团结协作的团队精神

C. 勤奋工作、开拓创新的精神

根据以下资料回答第 94—95 题

在青岛港，许振超这个名字可谓尽人皆知，许振超只读过初中，但自从参加工作以后，就一直坚持自学各种专业知识，并注重将所学的知识运用到生产实践中去。在工作的第二年，他便被选中去操作当时最先进的起重机械。数年后，青岛港引进世界一流的大型装卸设备——桥吊，他又成为操作桥吊的第一人选，并被任命为桥吊队队长。上任后，他

还刻苦钻研，编写了一本桥吊司机操作手册，组织队员学习，从而使得整个桥吊队的业务水平有了大幅度的提升。之后，许振超又给自己提出了新的要求，不但要懂桥吊，还要能维修桥吊。他用了4年时间，将10多块关键的电路板的详细电路图研究透彻，为检测故障提供了极大的便利，同时也大大降低了桥吊的维修成本。世界航运市场的竞争日趋激烈，许振超又提出青岛港装卸要创出世界一流业绩的目标。他对桥吊操作技术精益求精，通过反复摸索和勤学苦练，练就了一手吊装精湛技艺，将吊装速度提高到了世界极限，同时确保操作安全无事故，并且毫不保留地将技术传授给同事，终于他和工友们创造出每小时完成吊装381个自然箱的码头装卸效率世界纪录。这一业绩被青岛港领导命名为“振超效率”。在振超效率的带动下，青岛港港口吞吐量有了大幅度提高。

94. 许振超从参加工作后，就一直坚持自学，在工作实践中攻克了无数难关，编制了桥吊司机操作手册，并且不断进行技术革新，大大降低了成本，这体现了他（　　）。

A. 团结精神

B. 勤奋学习、开拓创新、勤俭节约

C. 热爱和关心同事

95. 他对桥吊操作技术精益求精，通过反复摸索，练就了一手吊装精湛技艺，将吊装速度提高到了世界极限，同时确保操作安全无事故，并且毫不保留地将技术传授给同事，终于他和工友们创造出每小时完成吊装381个自然箱的码头装卸效率世界纪录。这一业绩被青岛港领导命名为“振超效率”。这体现了他（　　）。

A. 对技术精益求精，注重生产安全，具有团队精神

B. 爱国守法、明礼诚信

C. 注重职业道德修养

机关事业单位技术工人技术等级考核和技师职务考评职业道德模拟试题参考答案

一、判断题

1. A	2. B	3. A	4. A	5. A
6. A	7. B	8. B	9. A	10. A
11. A	12. B	13. A	14. A	15. B
16. A	17. A	18. B	19. A	20. B
21. B	22. A	23. B	24. B	25. A
26. B	27. A	28. A	29. B	30. A
31. B	32. A	33. B	34. A	35. B
36. B	37. A	38. B	39. B	40. A

二、单项选择题

41. D	42. C	43. B	44. C	45. A
46. D	47. D	48. A	49. D	50. B
51. C	52. A	53. A	54. B	55. C
56. B	57. D	58. B	59. D	60. D
61. C	62. D	63. D	64. B	65. A
66. D	67. A	68. C	69. B	70. C
71. A	72. D	73. D	74. A	75. D
76. D	77. B	78. A	79. B	80. A
81. C	82. D	83. B	84. C	85. A
86. B	87. A	88. C	89. B	90. B

三、实务题

91. B	92. C	93. A	94. B	95. A